# 机械产品设计

李宏艳　主编

延边大学出版社

**图书在版编目（CIP）数据**

机械产品设计 / 李宏艳主编. -- 延吉 : 延边大学
出版社，2023.3
ISBN 978-7-230-04563-6

Ⅰ.①机… Ⅱ.①李… Ⅲ.①机械设计－高等职业教
育－教材 Ⅳ.①TH122

中国国家版本馆CIP数据核字(2023)第044268号

**机械产品设计**

--------------------------------------------------------------------

主　　编：李宏艳
责任编辑：董　强
封面设计：文合文化
出版发行：延边大学出版社
社　　址：吉林省延吉市公园路977号　　　邮　　编：133002
网　　址：http://www.ydcbs.com　　　E-mail：ydcbs@ydcbs.com
电　　话：0433-2732435　　　传　　真：0433-2732434
印　　刷：天津市天玺印务有限公司
开　　本：710×1000　1/16
印　　张：12.75
字　　数：200 千字
版　　次：2023 年 3 月 第 1 版
印　　次：2024 年 6 月 第 2 次印刷
书　　号：ISBN 978-7-230-04563-6

--------------------------------------------------------------------

定价：68.00元

# 前　言

　　本书是根据天津选拔赛 CAD 机械设计赛项以及机械识图与 CAD 创新设计赛项内容，经过多年的实践与反复修改编写而成。

　　本书在充分调研分析岗位职业能力的基础上，强化专业知识的应用性和专业技能的操作性，从培养实用技能人才应具有的基本技能出发，以提高学生的实践动手能力为基本框架，让学生在做中学、在学中做，掌握行业、企业专业知识和技能。同时嵌入职业标准和技能大赛标准，突出工匠精神。本书充分考虑目前的企业人才需求与大赛项目要求，采用由易到难的项目载体进行训练。

　　本书结构内容具有以下特点：

　　第一，选取最基础的机械机构作为训练项目，将软件的基本操作方法按照由浅入深、由基本到高级的顺序融入训练中，使学生循序渐进地学习应用知识。

　　第二，以提高学生的读图、识图、绘图能力为目标，以具体的装配体为载体，将制图、机械等理论知识融入训练过程中。

　　第三，全书共 6 个项目模块，包括认识 Inventor 软件、二维草图设计、球阀的设计、机用虎钳的设计、千斤顶的设计和齿轮油泵的设计。

　　由于笔者水平有限，书中难免有疏漏之处，敬请读者批评指正。

李宏艳

2023 年 1 月

# 目　　录

# 项目一　认识 Inventor 软件

【学习目标】

1.了解 Inventor 软件的特点。

2.了解 Inventor 软件的操作方法与绘图界面。

【学时】

2 学时。

【考核要点】

1.能够进行项目文件的设置。

2.能够根据需要创建模板类型。

## 一、Inventor 软件的特点

Inventor 软件是美国 Autodesk 公司推出的一款三维可视化实体模拟软件。Inventor 软件包括四个基本模块：零件、部件、工程图、表达视图。Inventor 三维设计软件是一套全面的设计工具，基于 AutoCAD 平台开发的二维机械设计和制图软件 AutoCAD Mechanical，可以直接在 Inventor 软件中进行应力分析。在此基础上，集成的数据管理软件 Autodesk Vault 用于安全地管理进展中的设计数据。

# 二、Inventor 软件的操作方法

这里通过球阀的创建，介绍 Inventor 软件的简单操作方法与绘图界面。

## （一）启动软件，创建项目文件

Inventor 软件使用项目来标识与设计相关的文件和文件夹，进行设计时，为了便于查找，需要创建项目文件夹。

1.双击 Inventor 图标，启动该软件。

2.点击"快速入门"选项卡中的"项目"图标按钮，为球阀模型创建项目文件。

3.点击"新建"按钮创建球阀项目文件，选择"单用户项目"选项。

4.点击下一步，输入项目名称"球阀"，项目文件夹的位置选定为建立好的"项目三-球阀"文件夹，接下来依次单击"下一步"与"完成"命令。

5.选择保存设置后，继续执行保存命令操作时，将自动把文件保存在"项目三-球阀"文件夹中；执行打开操作时，将自动到该文件夹中查找文件。

## （二）创建文件类型

项目文件创建完成后，便可以点击"新建"命令创建模型，常用的模型有零件、部件、工程图与表达视图四种类型。

### 1.创建零件模型

项目文件创建完成后，便可以创建零件模型。下面以球阀的阀盖为例：

点击"快速入门"选项卡中的"新建"图标中的"零件"命令，选择 standard.ipt，进入绘制零件模型界面。

零件模型主界面主要包括快速访问工具栏、工具面板与选项卡、浏览器、状态栏、图形区、三维观察工具、ViewCube。

（1）快速访问工具栏将常用的图标按钮（如新建、打开、保存、撤销、恢

复等命令）放在这个位置上。

（2）零件环境下的工具面板与选项卡主要用于草图设计与三维模型的设计。

（3）浏览器显示了模型的特征和结构层次，它记录了零件模型的创建过程。

（4）状态栏提示当前的状态信息。

（5）图形区显示模型、表达视图或工程图。

（6）三维观察工具：可以进行平移、缩放、旋转、观察方向等。

（7）ViewCube：通过拖动图标观察三维模型的不同角度。

绘制模型后便可以进行保存。选择"保存"图标，在弹出的对话框中编辑文件名，进行保存。

**2.创建零件工程图**

点击"新建"按钮打开"新建文件"对话框，选择该对话框中的"工程图"，点击"创建"，进入工程图绘制界面。

此界面主要包括以下几部分：快速访问工具栏、工具面板与选项卡、浏览器、状态栏、图形区。

需要注意的是，绘制工程图的前提是设计好零件模型，从而将其自动转化成工程图，再进行编辑。

**3.创建部件装配**

点击"新建"按钮打开"新建文件"对话框，选择该对话框中的部件命令，点击"创建"，进入部件装配界面。

此界面主要包括以下几部分：快速访问工具栏、工具面板与选项卡、浏览器、状态栏、图形区、三维观察工具、ViewCube。

需要注意的是，部件装配界面是将设计好的零件进行装配，因此需要先设计零件模型。

**4.表达视图**

点击"新建"按钮打开"新建文件"对话框，选择该对话框中的表达视图，点击"创建"，进入表达视图界面。

此界面主要包括以下几部分：快速访问工具栏、工具面板与选项卡、浏览器、状态栏、图形区、三维观察工具、ViewCube。

需要注意的是，表达视图界面是将设计好的装配体进行拆装分解，因此需要先进行部件装配设计。

【练习与评价】

评分表如表 1-1 所示。

表 1-1  评分表

| 评分内容 | 分值 | 得分 |
|---|---|---|
| 以球阀为例，创建项目文件，文件名称为"项目三-球阀"，创建路径为 D:/本人姓名 | 20 分 | |
| 以球阀为例，创建零件名称"阀盖" | 10 分 | |
| 以球阀为例，创建零件名称"阀体" | 10 分 | |
| 以球阀为例，创建零件名称"阀杆" | 10 分 | |
| 以球阀为例，创建零件名称"阀芯" | 10 分 | |
| 以球阀为例，创建零件名称"扳手" | 10 分 | |
| 以球阀为例，创建部件名称"球阀" | 20 分 | |
| 以下工具面板与选项卡内容是什么环境的界面？ _____环境 | 10 分 | |

# 项目二　二维草图设计

【学习目标】

1.掌握二维草图的绘图方法。

2.掌握二维草图的编辑方法。

3.掌握二维草图的约束方法。

【学时】

8 学时。

【考核要点】

1.掌握绘制二维草图的命令。

2.能够灵活运用绘制草图命令绘制二维草图。

# 任务一　简单二维草图的绘制

【学习目标】

使用直线命令、圆命令、修剪命令、圆角命令以及尺寸约束命令等绘制草图命令完成简单二维草图的绘制。

【学时】

4 学时。

【考核要点】

1.能够了解直线命令、圆命令、修剪命令、圆角命令以及尺寸约束命令的使用方法。

2.能够熟练使用直线命令、圆命令、修剪命令、圆角命令以及尺寸约束命令完成简单二维草图的设计。

简单二维草图绘制任务如表 2-1、表 2-2 所示。

表 2-1　简单二维草图绘制任务表（一）

| 完成人 | | 完成时间 | | 成绩 | |
|---|---|---|---|---|---|
| 任务目标：根据所给图形进行二维草图的绘制 | | | | | |

| 任务实施流程：简述绘图过程，如使用什么命令、怎么绘制、尺寸如何等 |
|---|
| |

表 2-2　简单二维草图绘制任务表（二）

| 完成人 | | 完成时间 | | 成绩 | |
|---|---|---|---|---|---|
| **任务目标：**根据所给图形进行二维草图的绘制 | | | | | |

| **任务实施流程：**简述绘图过程，如使用什么命令、怎么绘制、尺寸如何等 | | | | | |
|---|---|---|---|---|---|
| | | | | | |

# 任务二　复杂二维草图的绘制

【学习目标】

使用倒角命令、偏移命令、复制命令、延伸命令以及约束命令等绘制草图命令完成复杂二维草图的绘制。

【学时】

4学时。

【考核要点】

1.能够了解倒角命令、偏移命令、复制命令、延伸命令以及约束命令的使用方法。

2.能够熟练使用倒角命令、偏移命令、复制命令、延伸命令以及约束命令完成复杂二维草图的设计。

复杂二维草图绘制任务如表2-3、表2-4所示。

表 2-3  复杂二维草图绘制任务表（一）

| 完成人 | | 完成时间 | | 成绩 | |
|---|---|---|---|---|---|
| **任务目标**：根据所给图形进行二维草图的绘制 | | | | | |

| **任务实施流程**：简述绘图过程，如使用什么命令、怎么绘制、尺寸如何等 | | | | | |

表 2-4　复杂二维草图绘制任务表（二）

| 完成人 | | 完成时间 | | 成绩 | |
|---|---|---|---|---|---|
| **任务目标**：根据所给图形进行二维草图的绘制 | | | | | |

| **任务实施流程**：简述绘图过程，如使用什么命令、怎么绘制、尺寸如何等 | | | | | |

# 项目三　球阀的设计

【学习目标】

1.掌握球阀零件草图与三维图设计方法。

2.掌握球阀部件设计方法。

3.掌握球阀视图表达方法。

4.掌握球阀零件工程图设计方法。

【学时】

14 学时。

【考核要点】

1.使用绘制草图命令绘制球阀零件的方法。

2.使用三维造型命令绘制球阀零件的方法。

3.球阀工程图的设计方法。

4.使用部件环境中的命令编辑部件的方法。

5.球阀表达视图的基本方法。

## 【项目描述】

## 一、球阀的基本知识

球阀（ball valve）问世于 20 世纪 50 年代，随着科学技术的飞速发展，生产工艺及产品结构的不断改进，如今已迅速发展成为一种主要的阀类形式。

在我国，球阀被广泛应用在石油炼制、化工、造纸、制药、水利、电力、市政、钢铁等行业，在国民经济中占有举足轻重的地位。它具有旋转 90° 的动作，旋塞体为球体，有圆形通孔或通道通过其轴线。

球阀在管路中主要用于切断、分配和改变介质的流动方向，它只需要用旋转 90° 的操作和很小的转动力矩就能关闭严密。电动球阀除应注意管道参数外，还应特别注意其使用的环境条件，因为电动球阀中的电动装置是一个机电设备，其使用状态受其使用环境的影响很大。

## 二、本项目的进度安排

| | | |
|---|---|---|
| 任务一 | 球阀零件草图与三维图设计 | 6 学时 |
| 任务二 | 球阀部件装配设计 | 2 学时 |
| 任务三 | 球阀零件工程图设计 | 4 学时 |
| 任务四 | 球阀视图表达 | 2 学时 |

## 三、本项目的小组成员安排

| 分工 | 姓名 | 任务 | 完成情况 | 组内评分 |
|---|---|---|---|---|
| 组长 | | | | |
| 成员 | | | | |
| 成员 | | | | |
| 成员 | | | | |
| 成员 | | | | |
| 成员 | | | | |
| 成员 | | | | |

### 四、球阀工作原理

球阀内部是一个带孔的钢球，表面非常光洁，两边有聚四氟乙烯的密封件，与球体接触部分为圆弧面，通过阀体上的螺栓或压母压紧产生密封作用，球体的顶部开一个直槽，用于传递手柄的扭力。阀门打开时，球体上的孔与阀门的轴心线平行，形成一个通道；阀门关闭时，通过手柄将球体旋转 90°，将通道阻断。

### 五、球阀装配图与零件明细表

现有球阀装配图（如图 3-1 所示）和零件明细表（如表 3-1 所示），该项目文件名称为"项目三-球阀"，要求学生按照给定零件图的图纸创建表 3-1 中零件的三维图（见任务一的要求），按照图 3-1 的要求完成装配图的创建（见任务二的要求）。

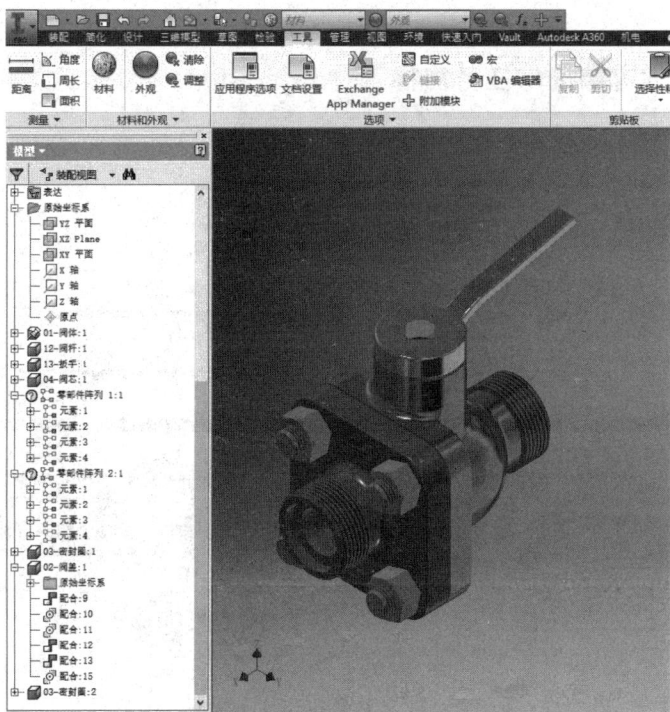

图 3-1　球阀装配图

表 3-1 球阀零件明细表

| 序号 | 代号或备注 | 名称 | 数量 | 材料 |
|------|-----------|------|------|------|
| 01 | qf-01 | 阀体 | 1 | 铸铜 |
| 02 | qf-02 | 阀盖 | 1 | 铸铜 |
| 03 | qf-03 | 密封圈 | 1 | 尼龙 |
| 04 | qf-04 | 阀芯 | 1 | 不锈钢 |
| 05 | GB/T 6172.1-2016 | 螺母 | 4 | Q235 |
| 06 | GB/T898-1988 | 螺柱 M12×28 | 4 | Q235 |
| 07 | qf-12 | 阀杆 | 1 | 不锈钢 |
| 08 | qf-13 | 扳手 | 1 | 不锈钢 |

## 六、内容结构与任务目标

本项目的内容结构与任务目标如图 3-2 所示。

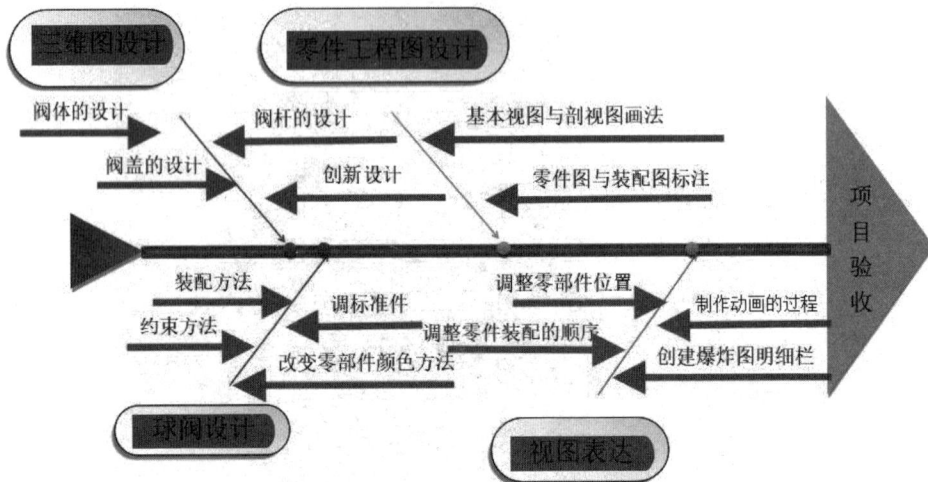

图 3-2 内容结构与任务目标

# 任务一 球阀零件草图

# 与三维图设计

【学习目标】

1.了解创建阀体零件的过程。

2.理解草图命令、矩形命令、尺寸约束命令、矩形阵列命令、圆弧命令与圆命令的创建过程。

3.理解拉伸命令、螺纹命令、旋转命令、倒角命令、圆角命令、孔命令和创建工作平面命令的创建过程。

【学时】

6学时。

【考核要点】

建立零件的几何模型,对于图纸上或模型上缺失的技术信息,如标准件(国家标准或国际标准均可采用)、螺纹或某些尺寸,根据国家标准自行设计。根据已给定的零件图,按要求对球阀的零件进行三维建模。

各零件的三维建模要求如下:

(1)各零件的三维模型建模过程清楚、特征完整。

(2)各零件的三维模型尺寸正确。

(3)各零件的三维建模文件以单对象文件保存为"*.ipt"格式,以"代号+名称"的方式命名(例:"qf-01 阀体"),并保存到子文件夹"项目三-球阀"内。

## 活动一　阀体的设计

【任务要求】

根据图纸（如图 3-3 所示）建立阀体三维模型。

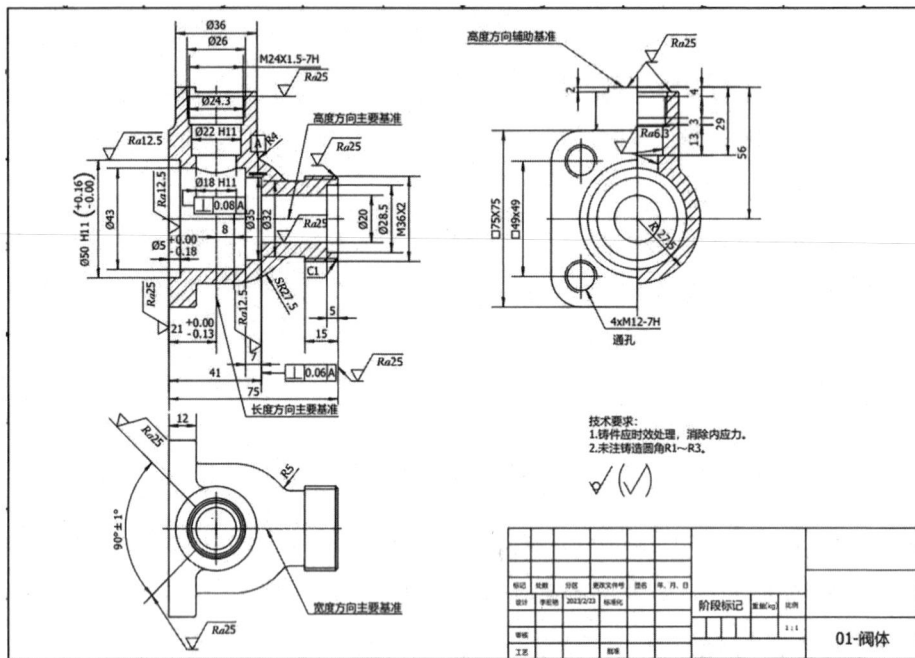

图 3-3　阀体零件图

【任务分析】

1.零件图分析：阀体为较复杂零件，需要将其划分为简单元素。

2.外部分析：阀体左面为 75 mm×75 mm×12 mm 的长方体，中间为直径 55 mm 的圆柱和半径 27.5 mm 的半球体；右面为 M36×2 的外螺纹，长度为 15 mm；中上部为直径 36 mm 的圆柱；阀体总长 75 mm，总宽 75 mm，总高 93.5 mm。

3.内部分析：阀体由左到右圆柱孔的直径分别为 50 mm、43 mm、35 mm、20 mm、28.5 mm；从上到下圆柱孔的直径为 26 mm、24 mm、24.3 mm、24 mm、

22 mm、18 mm。

4.绘制草图并使用拉伸命令、旋转命令创建零件特征。

【任务目标】

使用软件绘制阀体三维图，如图 3-4 所示。

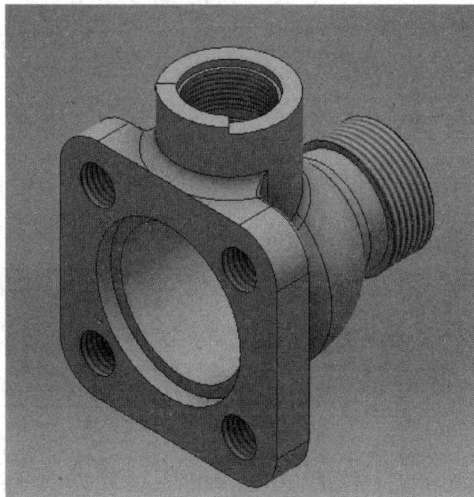

图 3-4　阀体三维图

【任务实施流程】

1.创建草图，选择绘图平面 YZ 平面，进入草图功能区，如图 3-5 所示。

a　创建草图命令

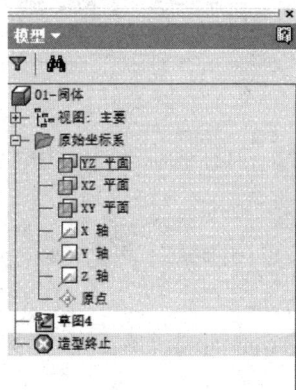

b　绘图平面

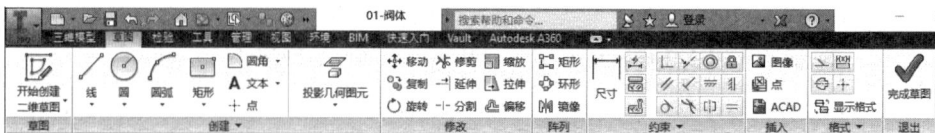

c 草图功能区

**图 3-5 创建草图流程图**

2.单击矩形命令 ，创建阀体左侧 75 mm×75 mm 的方形结构，点击完

成草图命令 ；单击模型面板上的拉伸命令 ，弹出对话框，将拉伸距离改

为 12 mm，点击确定后可得到以下图形（如图 3-6 所示）。

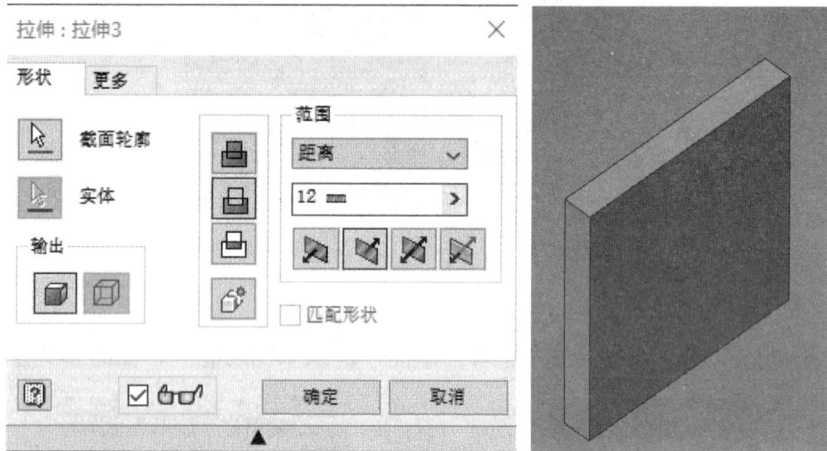

**图 3-6 创建方形结构**

3.如图 3-7 所示，单击模型面板上的圆角命令 ，创建圆角，半径为 13

mm；单击草图面板上的圆命令 ，选择长方体右表面为绘图平面，创建 1 个

直径为 12 mm 的圆。单击尺寸约束命令 ，按照图 3-7 所示确定第一个孔的

位置。

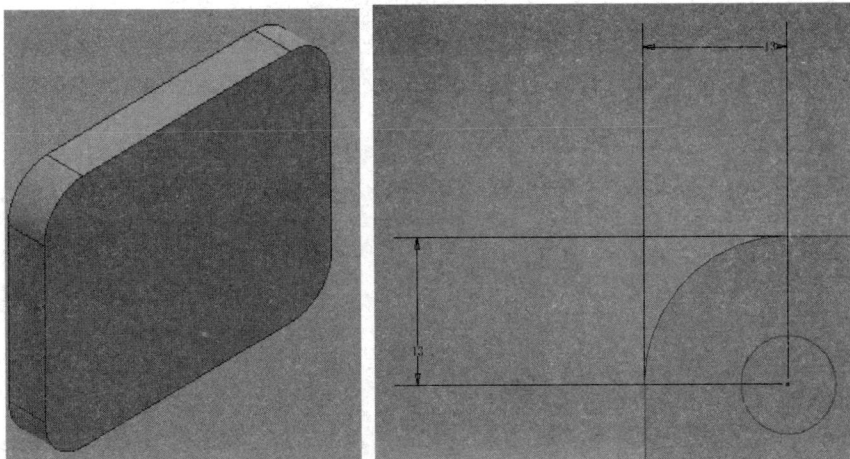

图 3-7　创建圆角，确定孔的位置

4.单击草图面板上的矩形阵列命令 ，按照图 3-8 所示的尺寸绘制其

他三个圆。

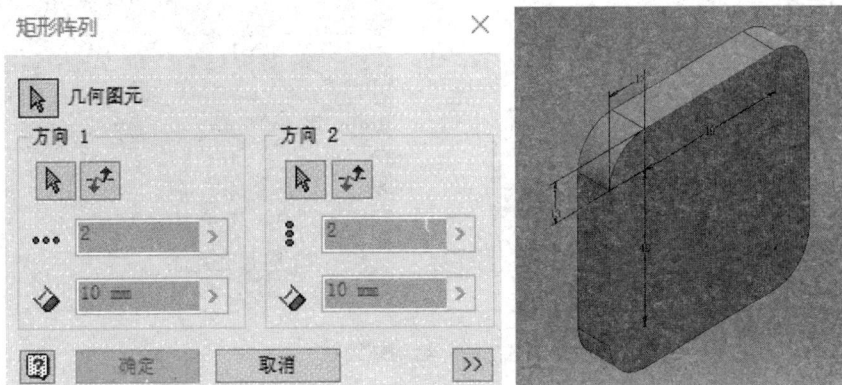

图 3-8　绘制其他三个圆

5.单击模型面板上的拉伸命令绘制圆柱孔，如图 3-9 所示。

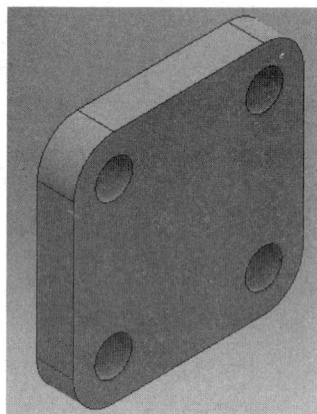

图 3-9　绘制圆柱孔

6.单击模型面板上的螺纹命令 ▤ 螺纹 绘制螺纹孔，如图 3-10 所示。

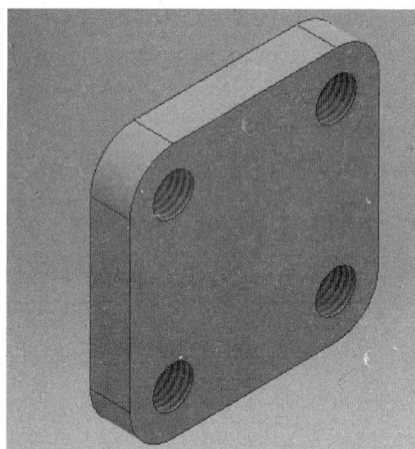

图 3-10　绘制螺纹孔

7.单击模型面板上的拉伸命令，绘制直径为 55 mm、长度为 17 mm 的圆柱，如图 3-11 所示。

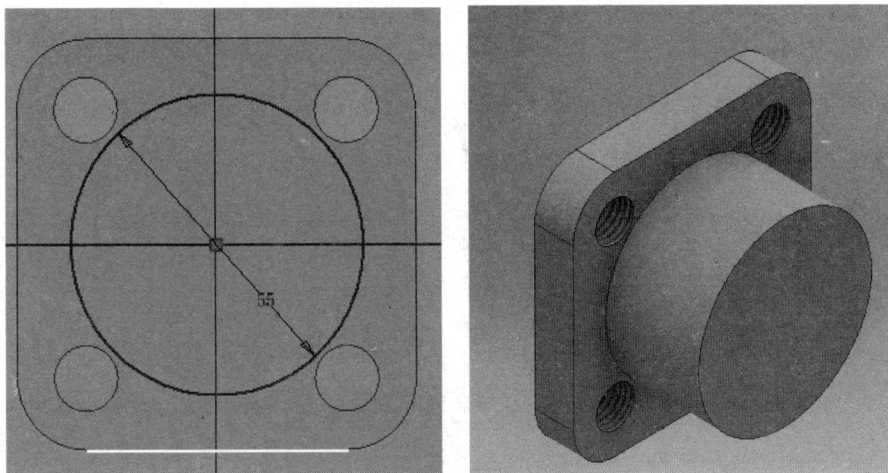

图 3-11　绘制直径为 55 mm 的圆柱

8.单击草图面板上的圆弧命令 ，绘制半径为 27.5 mm 的圆弧；单击

模型面板上的旋转命令 ，绘制半球体，如图 3-12 所示。

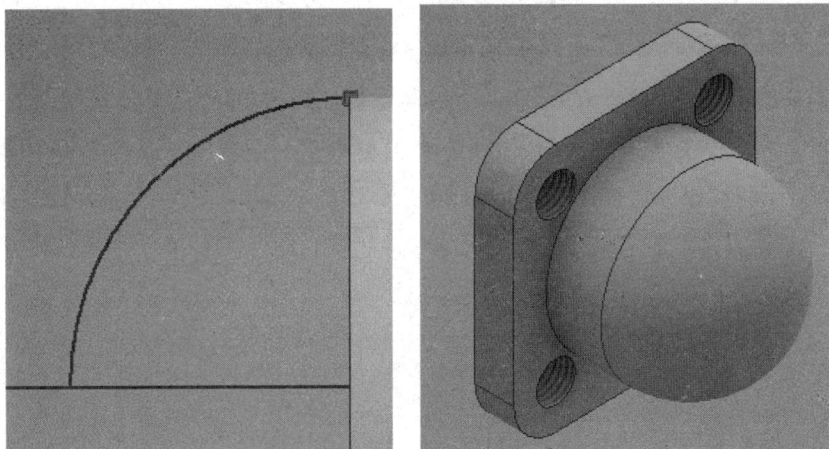

图 3-12　绘制圆弧和半球体

9.创建工作平面，单击草图面板上圆命令绘制直径为 36 mm 的圆，单击模型面板上拉伸命令绘制长度为 15 mm 的圆柱，如图 3-13 所示。

图 3-13　绘制直径为 36 mm 的圆柱

10.单击草图面板上的圆命令绘制直径为 32 mm 的圆，单击模型面板上的拉伸命令,拉伸的范围选择到平面或表面,选择半径是 27.5 mm 的半球体表面,完成圆柱的创建,如图 3-14 所示。

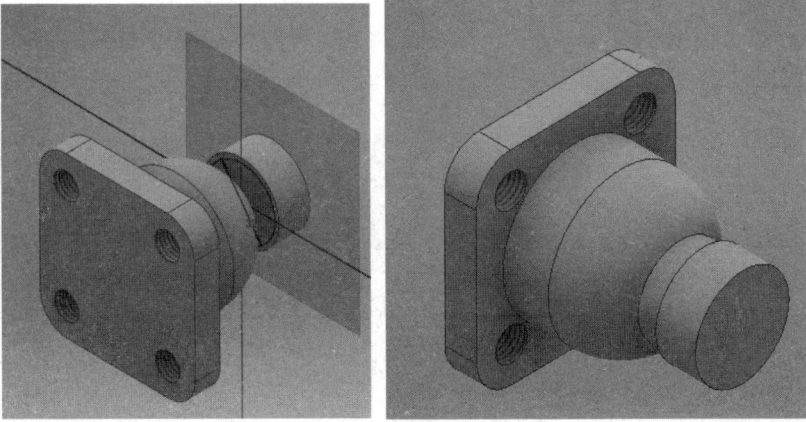

图 3-14　绘制直径为 32 mm 的圆柱

11.单击模型面板上的倒角命令  倒角，绘制 C1 倒角，单击模型面板上的螺纹命令绘制 M36×2 的螺纹，如图 3-15 所示。

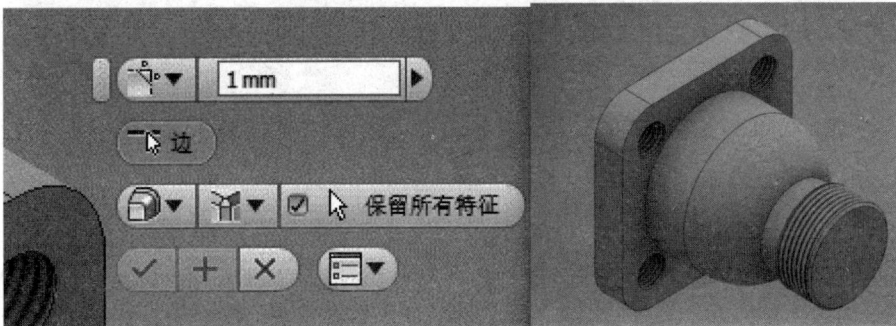

图 3-15　绘制倒角和螺纹

12.单击模型面板上的孔命令  绘制内孔，如图 3-16 所示。

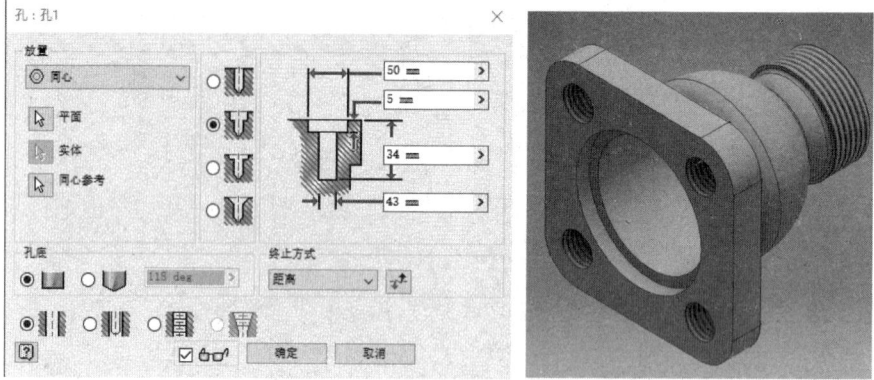

a 绘制内孔 1

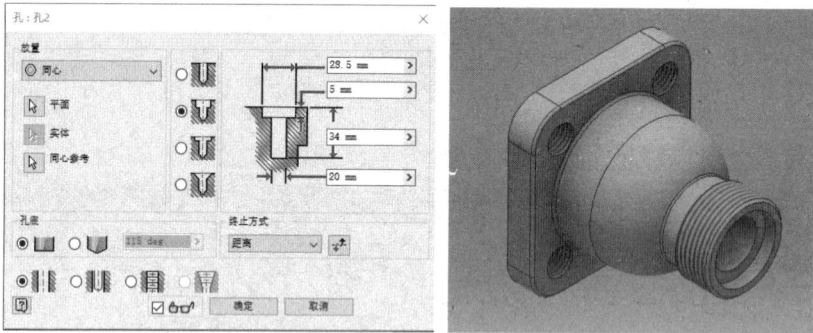

b 绘制内孔 2

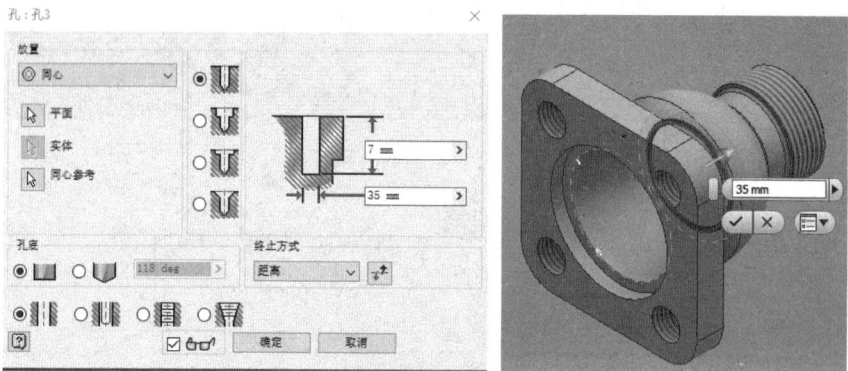

c 绘制内孔 3

图 3-16 绘制内孔

13.单击模型面板上的平面命令 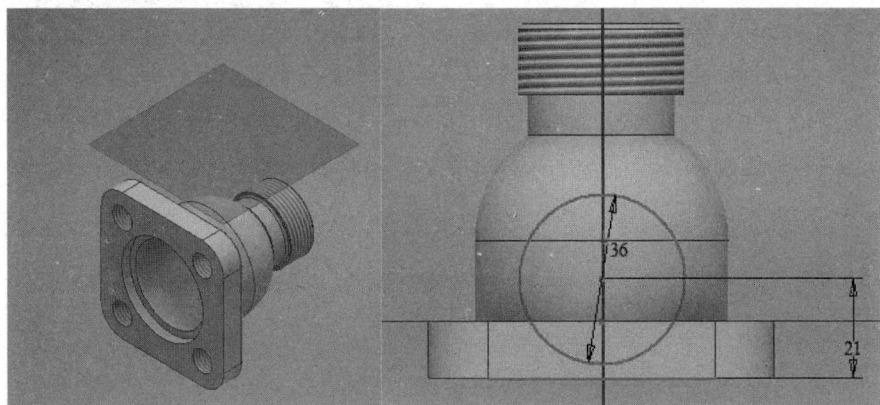，创建工作平面，在工作平面上创建

直径为 36 mm 的圆，单击模型面板上的拉伸命令创建圆柱，范围选择到表面或
平面，如图 3-17 所示。

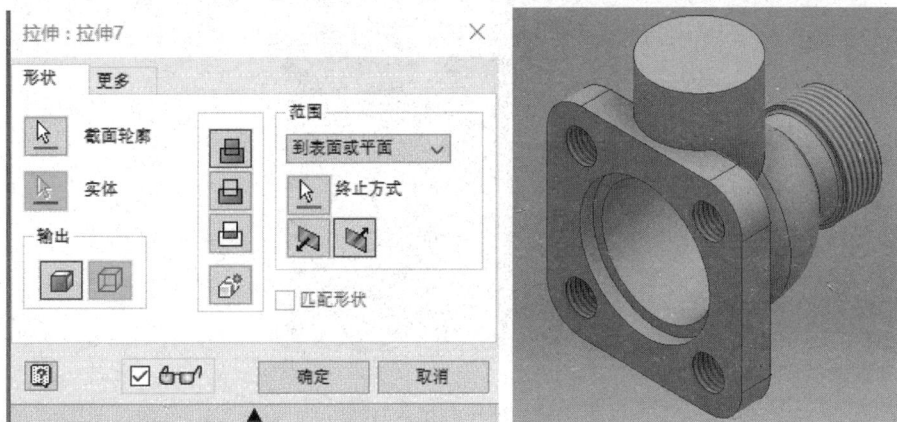

图 3-17　创建圆柱

14.单击模型面板上的孔命令创建圆柱孔与螺纹孔，如图 3-18 所示。

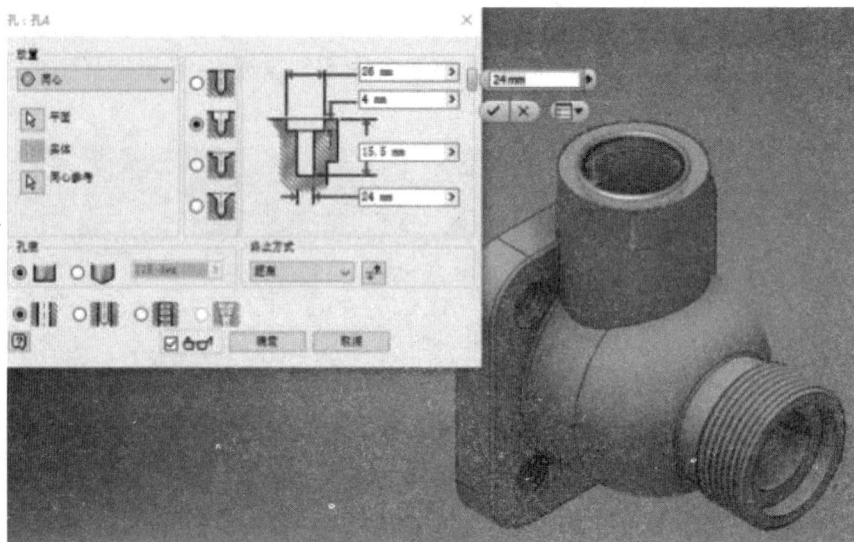

图 3-18　创建圆柱孔与螺纹孔

15.单击模型面板上的孔命令创建圆柱孔，如图 3-19 所示。

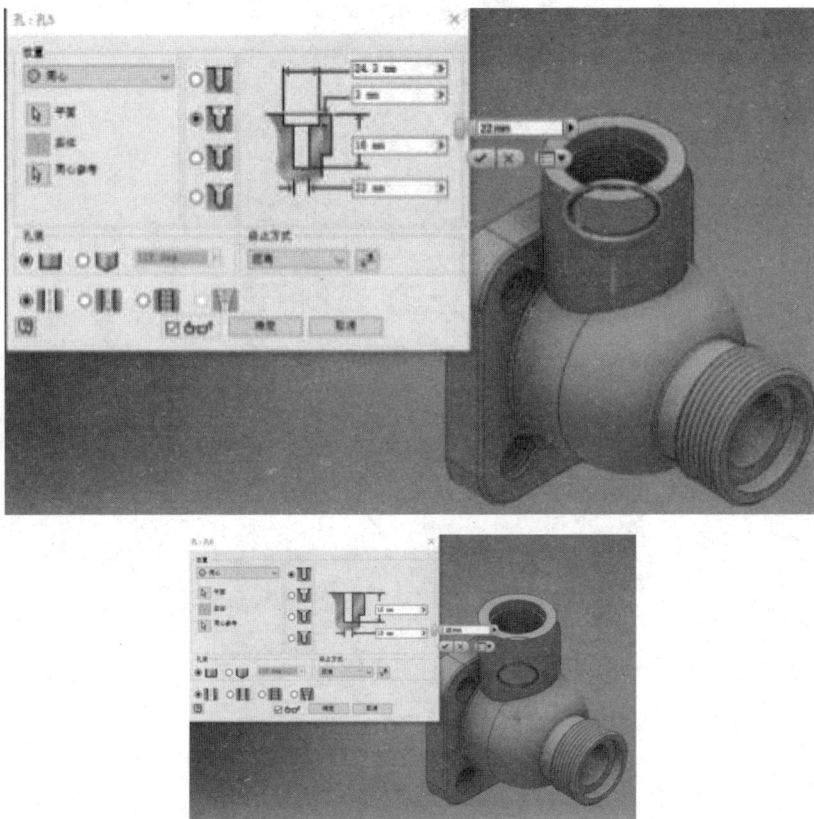

图 3-19　创建圆柱孔

16.单击模型面板上的圆角命令创建半径为 4 mm 的圆角和半径为 5 mm 的圆角以及半径为 1 mm 的未注圆角，如图 3-20 所示。

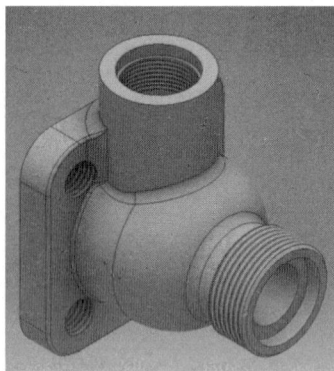

图 3-20　创建圆角

17.单击草图面板上的直线命令　　、圆弧命令　　、旋转命令 ↻ 旋转 创

建草图，如图 3-21 所示。

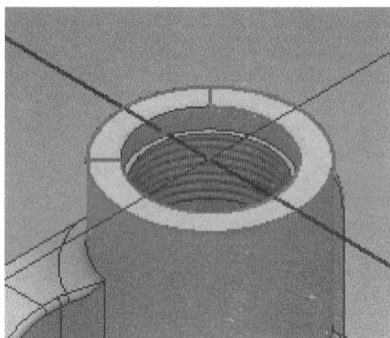

图 3-21　创建草图

18. 单击模型面板上的拉伸命令，拉伸方式为差集，距离选择 2 mm，如图 3-22 所示。

28

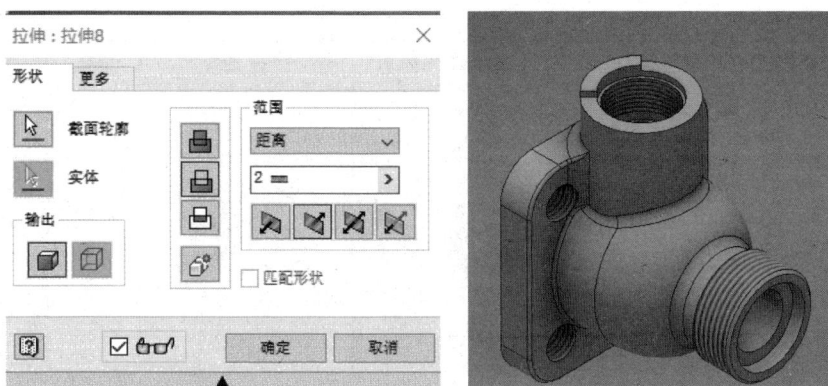

图 3-22　拉伸

【学生练习与评价】

1.软件操作成绩占总成绩的 80%，如表 3-2 所示。

表 3-2　软件操作评分表

| 零件图形 | 评分内容 | 评分细则 | 分值 | 得分 |
|---|---|---|---|---|
|  | 创建草图 | 在坐标系上创建草图 | 2.5 分 | |
| | | 在已有特征上创建草图 | 2.5 分 | |
|  | 矩形命令、圆命令、尺寸约束 | 75 mm×75 mm 矩形线性约束 | 2.5 分 | |
| | | 直径为 12 mm 的圆 | 2.5 分 | |
| | | 方形结构圆孔位置的约束 | 5 分 | |

| 零件图形 | 评分内容 | 评分细则 | 分值 | 得分 |
|---|---|---|---|---|
| | 矩形阵列 | 方形结构上四个圆孔的位置 | 5分 | |
| | 圆弧命令、旋转命令 | 半径为27.5 mm的圆弧 | 5分 | |
| | | 半径为27.5 mm的半球体 | 5分 | |
| | 拉伸命令 | 75 mm×75 mm×12 mm的长方体 | 5分 | |
| | | M36×2的螺纹特征 | 5分 | |
| | | 直径为32 mm的圆柱 | 5分 | |
| | 螺纹命令、圆角命令 | 四个螺纹孔 | 5分 | |
| | | 半径为13 mm的圆角 | 5分 | |

| 零件图形 | 评分内容 | 评分细则 | 分值 | 得分 |
|---|---|---|---|---|
|  | 倒角命令 | 是否有螺纹倒角 | 5分 |  |
|  | 创建工作平面 | 平面的位置是否正确 | 5分 |  |
|  |  | 平面的位置是否正确 | 5分 |  |
|  | 孔命令 | 孔1 | 5分 |  |
|  |  | 孔2 | 5分 |  |
|  |  | 孔3 | 5分 |  |
|  |  | 孔4 | 5分 |  |
|  |  | 孔5 | 5分 |  |
|  |  | 孔6 | 5分 |  |

2.职业素养成绩根据学习过程中对学生表现的评价确定,占总成绩的20%,见表3-3。

表3-3　职业素养评分表

| 评分内容 | 评分明细 | 分值 | 得分 |
|---|---|---|---|
| 合作精神 | 能积极参加小组讨论,与他人良好合作 | 20分 | |
| | 能与他人一起进行线上学习,查阅资料 | 20分 | |
| | 能积极主动与他人解决疑难问题 | 20分 | |
| | 能主动找出他人的操作不规范 | 20分 | |
| 5S 职业素养 | 1.违反安全操作,扣4分;<br>2.不能规范操作计算机,扣4分;<br>3.未按现场规范文明、有序地完成任务,扣4分;<br>4.学生应合理应对教室各类问题,不尊重老师及同学,扣4分;<br>5.未保持工位整洁,扣4分 | 20分 | |

# 活动二　阀盖的设计

【任务要求】

根据图纸(如图3-23所示)建立阀盖三维模型。

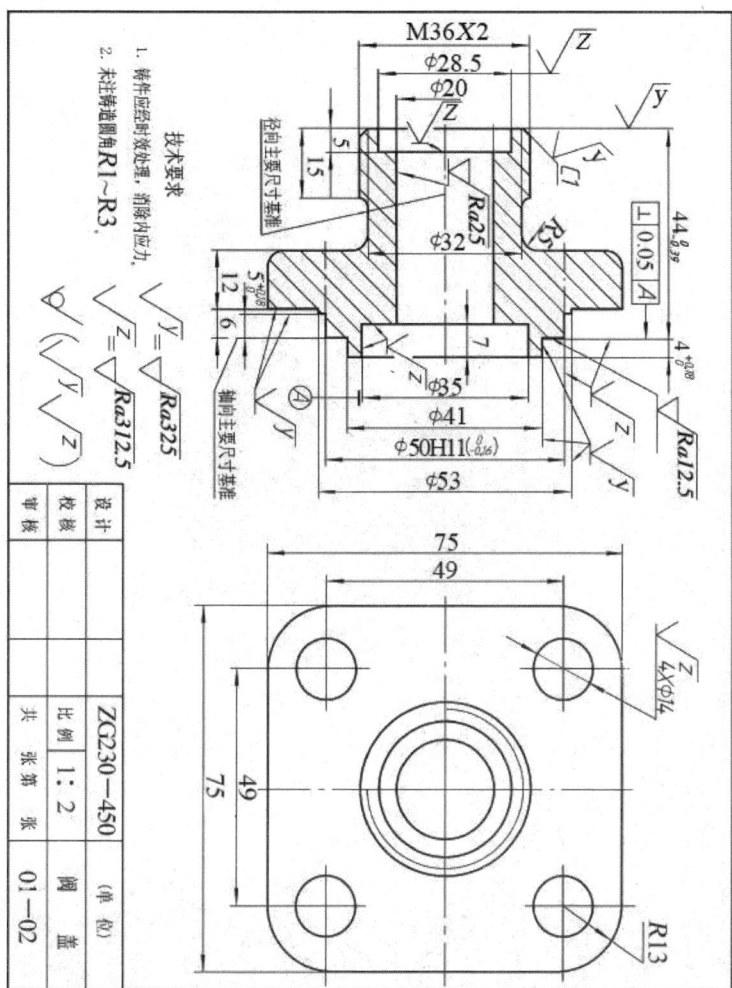

图 3-23　阀盖零件图

【任务分析】

1.零件图分析：阀盖为较复杂零件，需要将其划分为简单元素。

2.外部分析：阀盖从左至右依次为 M36×2 的外螺纹，75 mm×75 mm×12 mm 的长方体，$\phi$53 mm、$\phi$50 mm、$\phi$41 mm 的圆柱；75 mm×75 mm×12 mm 的长方体有四个 $\phi$14 mm 的孔；阀盖总长 48 mm，总宽 75 mm，总高 75 mm。

3.内部分析：阀盖由左到右圆柱孔的直径为 28.5 mm、20 mm、35 mm。

33

4.绘制草图并使用拉伸命令、孔命令创建零件特征。

【任务目标】

使用软件绘制如图 3-24 所示的阀盖三维图。

图 3-24　阀盖三维图

【任务实施流程】

1.创建草图，选择绘图平面 YZ 平面，进入草图功能区，单击草图面板上的矩形命令创建 75 mm×75 mm 的矩形，单击模型面板上的拉伸命令创建 75 mm×75 mm×12 mm 的长方体，如图 3-25 所示。

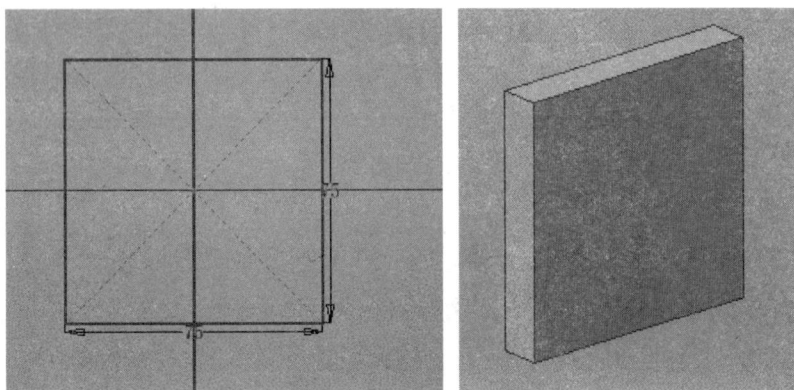

图 3-25　创建矩形和长方体

2.单击草图面板上的圆命令，创建直径为 32 mm 的圆；单击模型面板上的拉伸命令，创建距离为 11 mm 的圆柱，如图 3-26 所示。

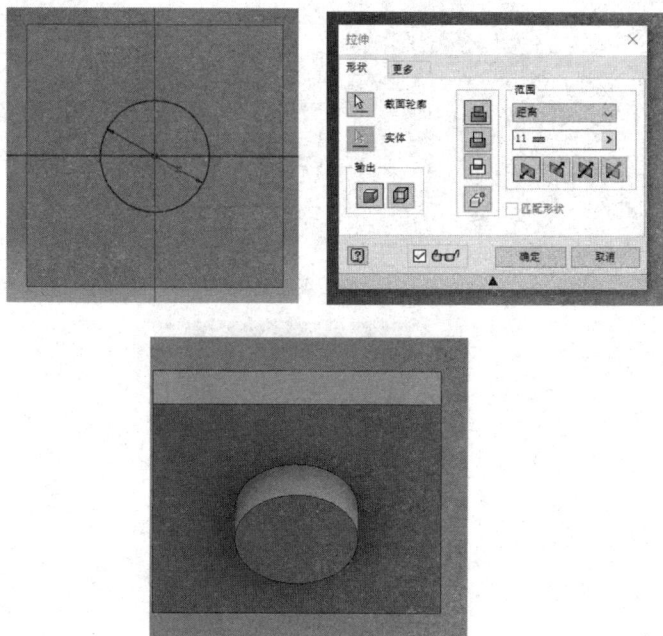

**图 3-26　创建圆和圆柱**

3.如图 3-27 所示，创建 M36×2 的外螺纹圆柱：单击草图面板上的圆命令，创建直径为 36 mm 的圆；单击模型面板上的拉伸命令，创建距离为 15 mm 的圆柱；单击模型面板上的螺纹命令，创建 M36×2 的外螺纹。

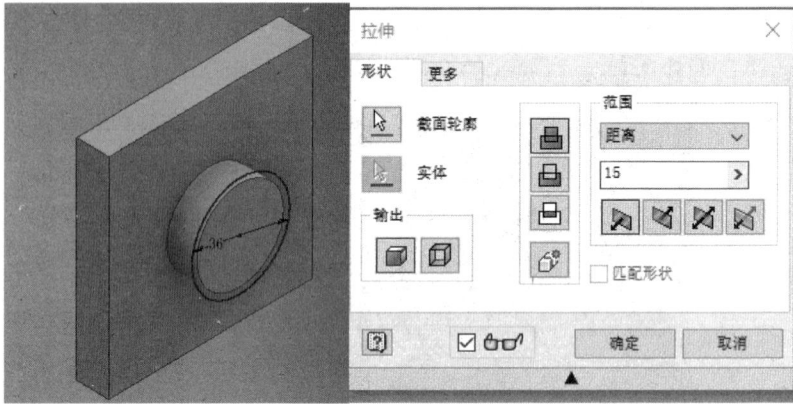

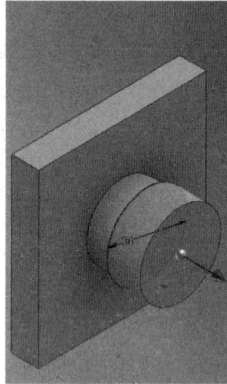

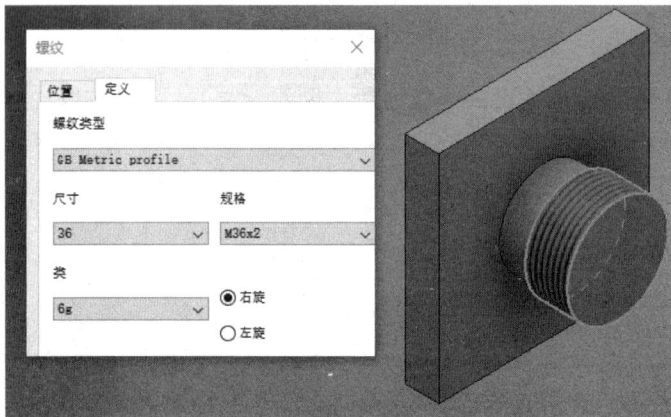

图 3-27　创建 M36×2 的外螺纹圆柱

4.单击草图面板上的圆命令与模型面板上的拉伸命令，依次创建直径为 53 mm、距离为 1 mm，直径为 50 mm、距离为 5 mm，直径为 41 mm、距离为 4 mm 的圆柱，如图 3-28 所示。

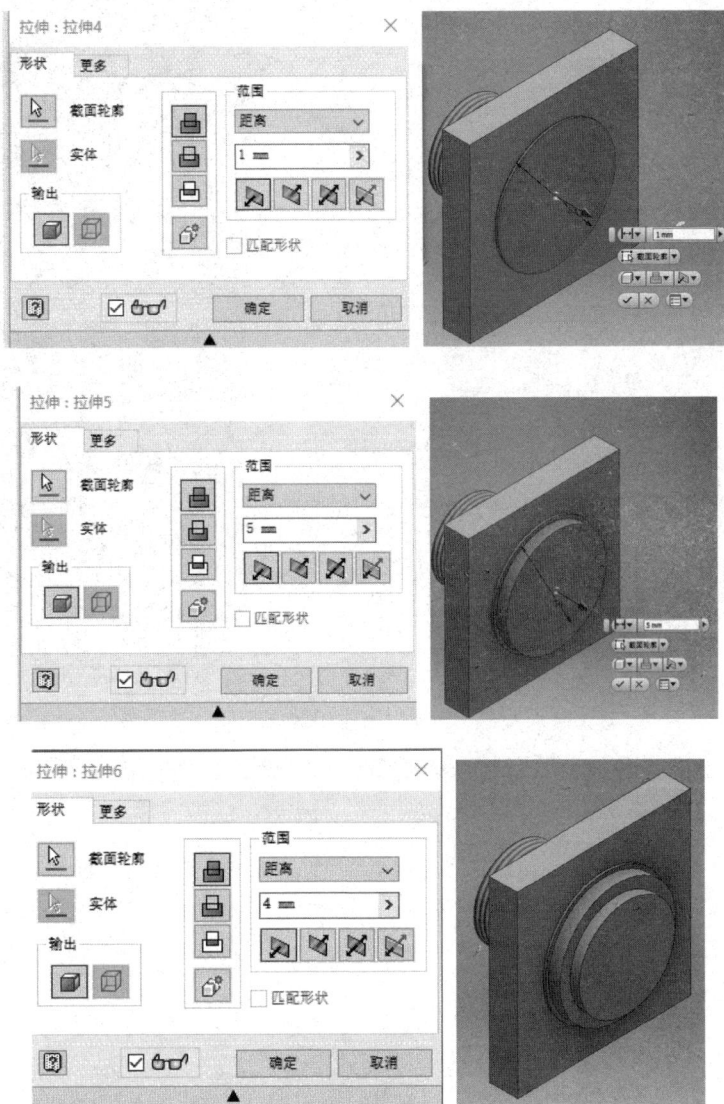

图 3-28　创建圆柱

5.单击模型面板上的孔命令，由左到右依次创建直径分别为 28.5 mm、20 mm、35 mm，孔深分别为 5 mm、36 mm、7 mm 的圆柱孔，如图 3-29 所示。

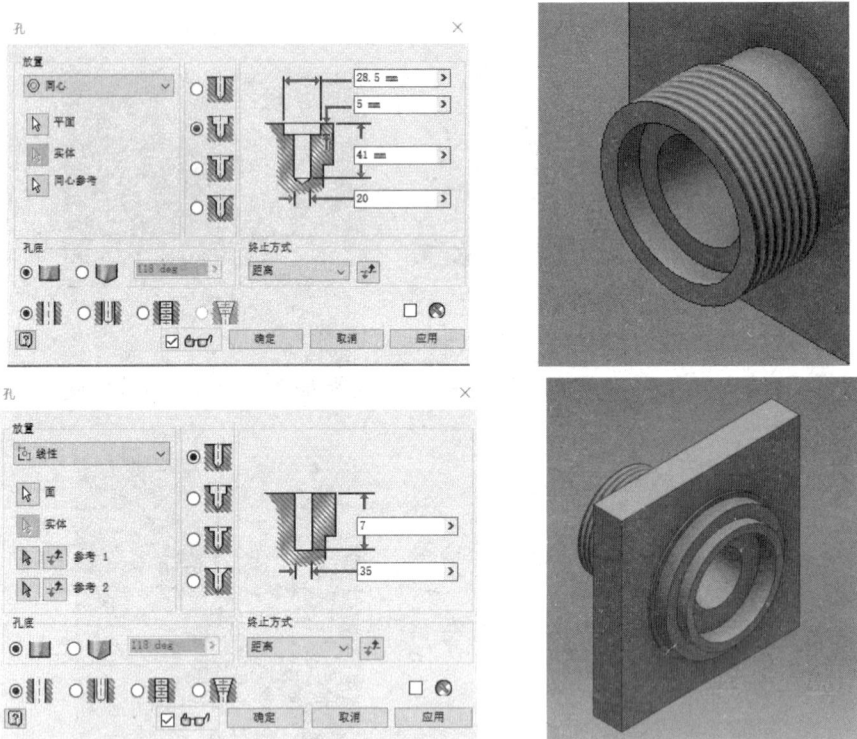

图 3-29　创建圆柱孔

6.单击模型面板上的倒角与圆角命令，创建倒角为 C1，圆角半径依次为 5 mm、1 mm 与 13 mm，如图 3-30 所示。

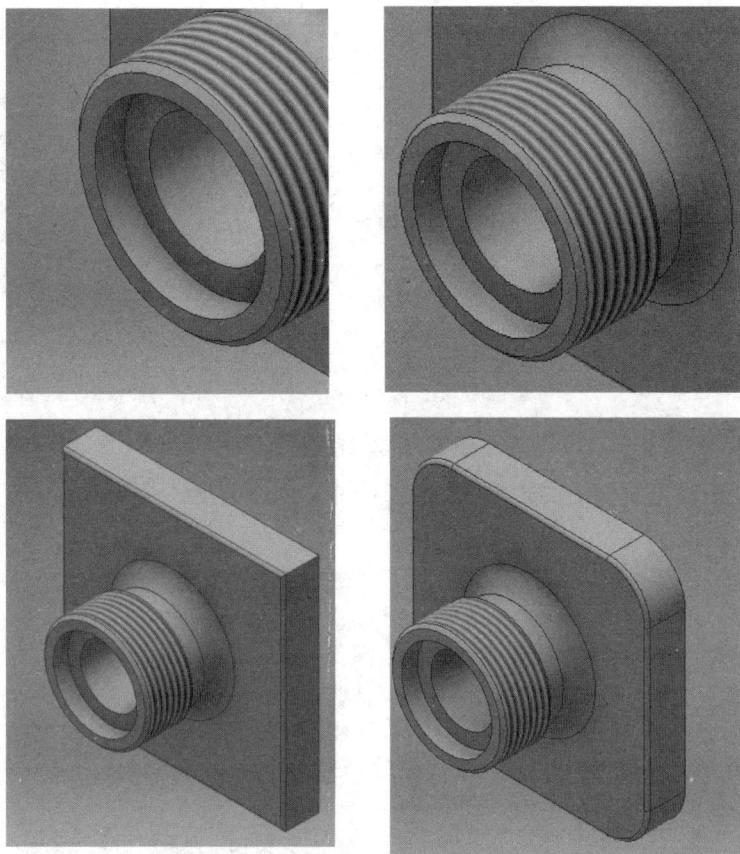

图 3-30　创建倒角与圆角

　　7.单击草图面板上的圆命令，创建 $\phi 14\,mm$ 的圆，然后单击模型面板上的拉伸命令，创建 $\phi 14\,mm$ 的圆柱孔，如图 3-31 所示。

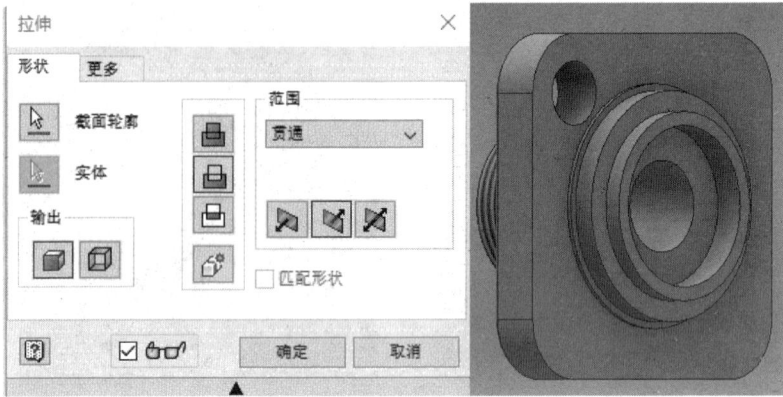

图 3-31　创建圆柱孔

8.单击模型面板上的矩形阵列  命令，创建其他 3 个 $\phi14\,\text{mm}$ 的圆柱孔，如图 3-32 所示。

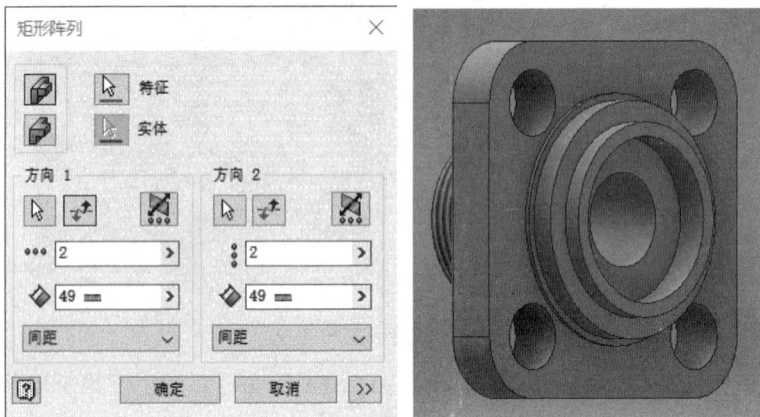

图 3-32　创建其他 3 个圆柱孔

【学生练习与评价】

1.软件操作占总成绩的 20%，如表 3-4 所示。

表 3-4　软件操作评分表

| 零件图形 | 评分内容 | 评分细则 | 分值 | 得分 |
|---|---|---|---|---|
| | 创建草图 | 在坐标系上创建草图 | 5分 | |
| | | 在已有特征上创建草图 | 5分 | |
| | 拉伸命令 | 创建 75 mm×75 mm×12 mm 的长方体 | 5分 | |
| | | 创建直径为 32 mm、距离为 11 mm 的圆柱 | 5分 | |
| | | 创建直径为 36 mm、距离为 15 mm 的圆柱 | 5分 | |
| | 螺纹命令 | 创建 M36×2 的外螺纹 | 5分 | |
| | 拉伸命令 | 创建直径为 53 mm、距离为 1 mm 的圆柱 | 5分 | |
| | | 创建直径为 50 mm、距离为 5 mm 的圆柱 | 5分 | |
| | | 创建直径为 41 mm、距离为 4 mm 的圆柱 | 5分 | |

续表

| 零件图形 | 评分内容 | 评分细则 | 分值 | 得分 |
|---|---|---|---|---|
| | 圆柱孔 | 由左到右创建圆柱孔的直径为 28.5 mm、孔深为 5 mm | 5 分 | |
| | | 圆柱孔的直径为 20 mm、孔深为 36 mm | 5 分 | |
| | | 圆柱孔的直径为 35 mm，孔深为 7 mm | 5 分 | |
| | 倒角命令、圆角命令 | 创建倒角为 C1 | 5 分 | |
| | | 创建半径为 5 mm 的圆角 | 5 分 | |
| | | 创建半径为 1 mm 的圆角 | 5 分 | |
| | | 创建半径为 13 mm 的圆角 | 5 分 | |
| | 孔命令 | 孔 1 | 5 分 | |
| | | 孔 2 | 5 分 | |
| | | 孔 3 | 5 分 | |
| | | 孔 4 | 5 分 | |

2.职业素养成绩根据学习过程中对学生表现的评价确定,占总成绩的 20%,如表 3-5 所示。

表 3-5　职业素养评分表

| 评分内容 | 评分明细 | 分值 | 得分 |
|---|---|---|---|
| 合作精神 | 能积极参加小组讨论,与他人良好合作 | 20 分 | |
| | 能与他人一起进行线上学习,查阅资料 | 20 分 | |
| | 能积极主动与他人解决疑难问题 | 20 分 | |
| | 能主动找出他人的操作不规范 | 20 分 | |
| 5S 职业素养 | 1.违反安全操作,扣 4 分;<br>2.不能规范操作计算机,扣 4 分;<br>3.未按现场规范文明、有序地完成任务,扣 4 分;<br>4.学生应合理应对教室各类问题,不尊重老师及同学,扣 4 分;<br>5.未保持工位整洁,扣 4 分 | 20 分 | |

# 活动三　阀杆的设计

【任务要求】

根据图纸(如图 3-33 所示)建立阀杆三维模型。

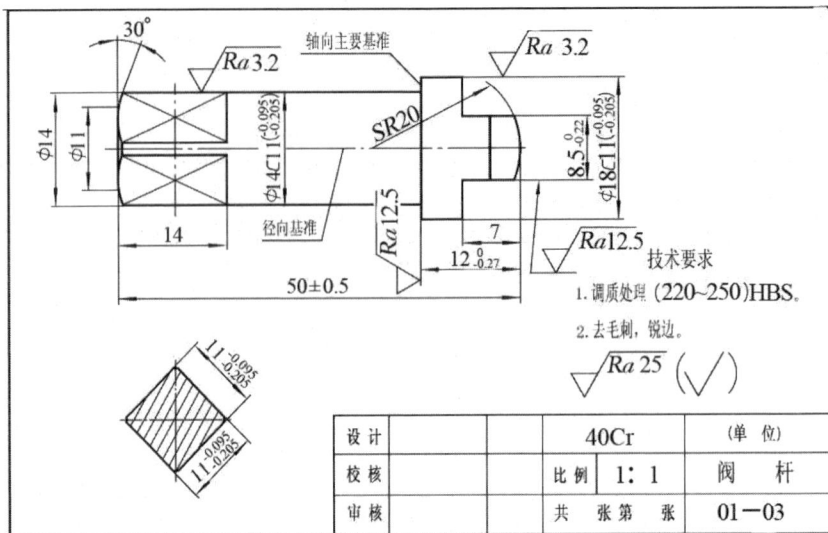

图 3-33  阀杆零件图

【任务分析】

1.零件图分析：阀杆为较复杂零件，需要将其划分为简单元素。

2.外部分析：阀杆从左至右依次为 11 mm×11 mm×14 mm 的四棱柱，$\phi$14 mm、$\phi$18 mm 的圆柱以及半径为 30 mm 的半球面；阀杆总长 50 mm。

3.绘制草图并使用旋转、拉伸命令创建零件特征。

【任务目标】

使用软件绘制如图 3-34 所示的阀杆三维图。

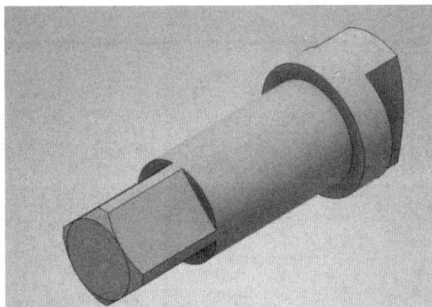

图 3-34  阀杆三维图

【任务实施流程】

1.创建草图：选择绘图平面 YZ 平面，进入草图功能区，单击草图面板上的圆命令创建 $\phi$14 mm 的圆，单击模型面板上的拉伸命令创建 $\phi$14 mm、长度为 38 mm 的圆柱，如图 3-35 所示。

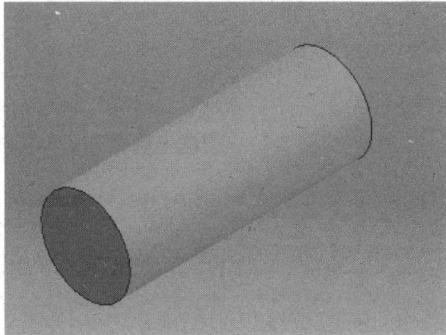

图 3-35　创建 $\phi$14 mm 的圆柱

2.创建 $\phi$18 mm、长度为 12 mm 的圆柱，如图 3-36 所示。

图 3-36　创建 $\phi$18 mm 的圆柱

3.单击草图面板上的直线与圆弧命令，创建旋转草图，单击模型面板上的旋转命令 ，在阀杆右端创建半径为 30 mm 的半球面，如图 3-37 所示。

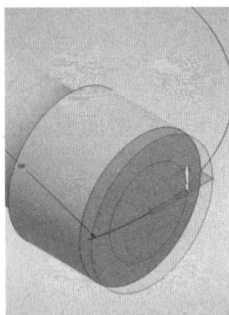

图 3-37　创建半球面

4.单击模型面板上的平面命令 　，创建工作平面，在工作平面上绘制直径是 18 mm 的圆，绘制一条直线，使用尺寸约束命令约束直线到圆心的距离是 4.25 mm，使用修剪命令，修剪直线以下的所有线，创建如图 3-38 所示的图形。

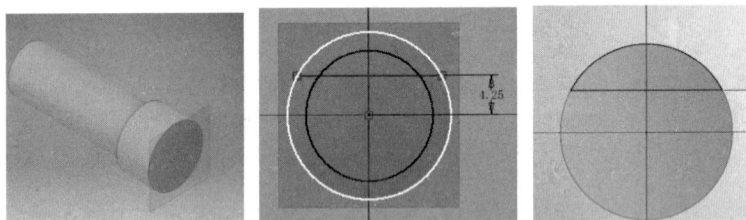

图 3-38　创建工作平面和图形

5.单击模型面板上的拉伸命令创建上表面，然后单击镜像命令  镜像 创建下表面，如图 3-39、图 3-40 所示。

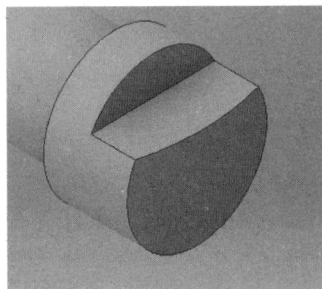

图 3-39　创建上表面

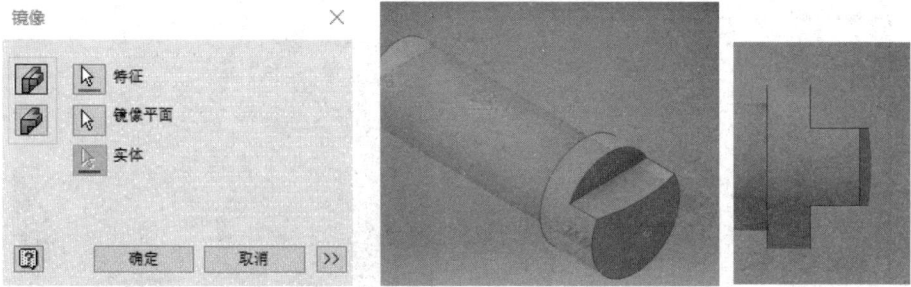

图 3-40　创建下表面

　　6.如图 3-41 所示，左端创建 11 mm×11 mm×14 mm 的四棱柱结构：单击草图面板上的倒角命令，创建 1.5×30°的倒角；单击草图面板上的直线与圆命令创建拉伸草图，单击模型面板上的拉伸命令创建棱柱结构，拉伸距离为 14 mm，拉伸方式为差集；单击模型面板上的环形阵列命令创建其他拉伸结构。

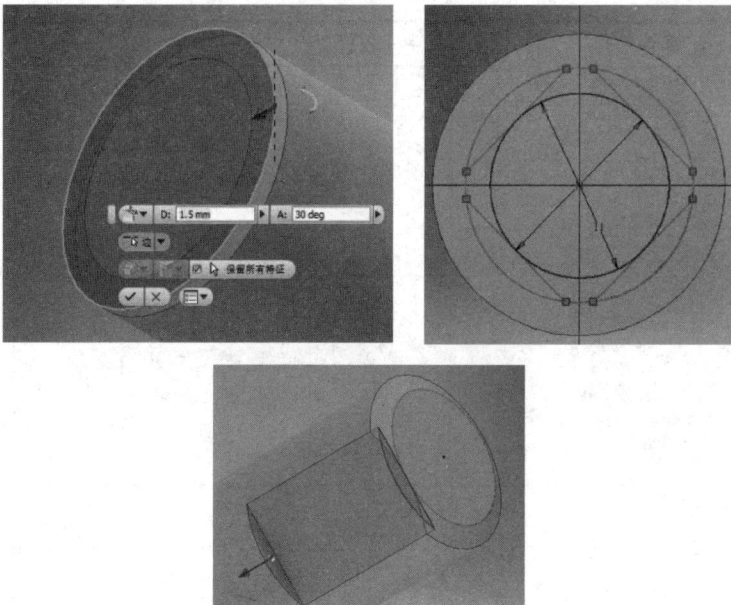

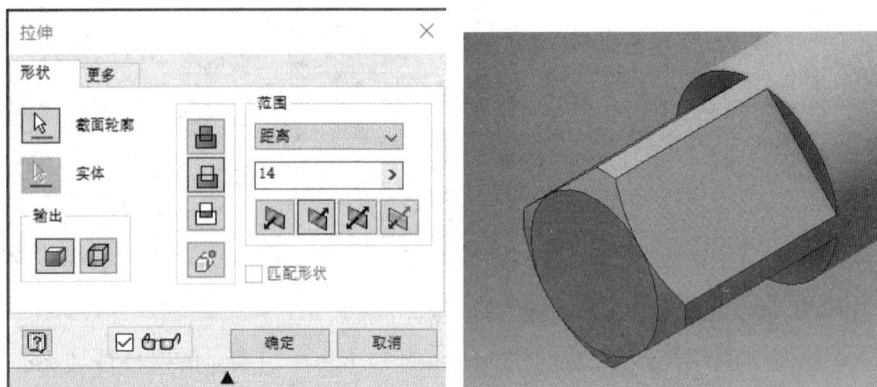

图 3-41　创建左端的四棱柱结构

【学生练习与评价】

1.软件操作成绩占总成绩的 80%，如表 3-6 所示。

表 3-6　软件操作评分表

| 零件图形 | 评分内容 | 评分细则 | 分值 | 得分 |
|---|---|---|---|---|
|  | 创建草图 | 在坐标系上创建草图 | 10 分 | |
| | | 在已有特征上创建草图 | 10 分 | |
|  | 旋转命令 | 创建半径为 30 mm 的半球面 | 10 分 | |

| 零件图形 | 评分内容 | 评分细则 | 分值 | 得分 |
|---|---|---|---|---|
| | 创建工作平面 | 使用从平面偏移命令将已有平面进行偏移，创建新的绘图平面 | 10分 | |
| | 拉伸命令、镜像命令 | 创建上表面 | 10分 | |
| | | 创建下表面 | 10分 | |
| | 倒角命令 | 创建 1.5×30° 的倒角 | 10分 | |
| | 拉伸命令 | 拉伸距离为 14 mm | 10分 | |
| | 环形阵列命令 | 创建其他拉伸结构 | 20分 | |

2.职业素养成绩根据学习过程中对学生表现的评价确定,占总成绩的20%,如表 3-7 所示。

表 3-7　职业素养评分表

| 评分内容 | 评分明细 | 分值 | 得分 | |
|---|---|---|---|---|
| | | | 自评 | 互评 |
| 合作精神 | 能积极参加小组讨论,与他人良好合作 | 20分 | | |
| | 能与他人一起进行线上学习,查阅资料 | 20分 | | |
| | 能积极主动与他人解决疑难问题 | 20分 | | |
| 合作精神 | 能主动找出他人的操作不规范 | 20分 | | |
| 5S 职业素养 | 1.违反安全操作,扣4分;<br>2.不能规范操作计算机,扣4分;<br>3.未按现场规范文明、有序地完成任务,扣4分;<br>4.学生应合理应对教室各类问题,不尊重老师及同学,扣4分;<br>5.未保持工位整洁,扣4分 | 20分 | | |

# 活动四　创新设计

【任务要求】

根据给定的零件结构图自行设计扳手与阀芯零件,绘制三维零件模型,要求能够与阀体、阀杆、阀盖配合。

活动任务表如表 3-8、表 3-9 所示。

表 3-8 任务表（一）

| 零件名称 | 扳手 | 组员 | | 完成时间 | | 成绩 | |
|---|---|---|---|---|---|---|---|
| 任务分析： | | | | | | | |
| | | | | | | | |
| 任务目标： | | | | | | | |
| | | | | | | | |
| 任务实施流程： | | | | | | | |
| | | | | | | | |

表 3-9  任务表（二）

| 零件名称 | 阀芯 | 组员 | | 完成时间 | | 成绩 | |
|---|---|---|---|---|---|---|---|
| 任务分析： | | | | | | | |
| | | | | | | | |
| 任务目标： | | | | | | | |
| | | | | | | | |
| 任务实施流程： | | | | | | | |
| | | | | | | | |

# 任务二 球阀部件装配设计

【学习目标】

1.了解三维零件组合到一个装配设计中的各种约束方法和工作流程。

2.掌握球阀零部件的装载、约束、编辑、表达，以及调标准件与常用件的方法等。

【学时】

2 学时。

【考核要点】

1.装配球阀零件完整。

2.装配球阀关系正确。

3.球阀零件约束关系正确。

4.球阀多对象文件保存为"*.iam"格式，以"qf-装配图"命名，保存到子文件夹"项目三-球阀"内。

【任务分析】

空间直角自由度的概念：在空间直角坐标系中，任意零件均有六个自由度，即分别沿 X、Y、Z 轴平移和分别绕 X、Y、Z 轴旋转。部件装配是通过约束零件的自由度实现的。

【任务目标】

使用软件绘制如图 3-42 所示的球阀三维装配图。

图 3-42　球阀三维装配图

【任务实施流程】

1.进入部件环境：单击新建命令，在新建文件对话框中单击"Standard.iam"，然后单击"创建"，如图 3-43 所示。

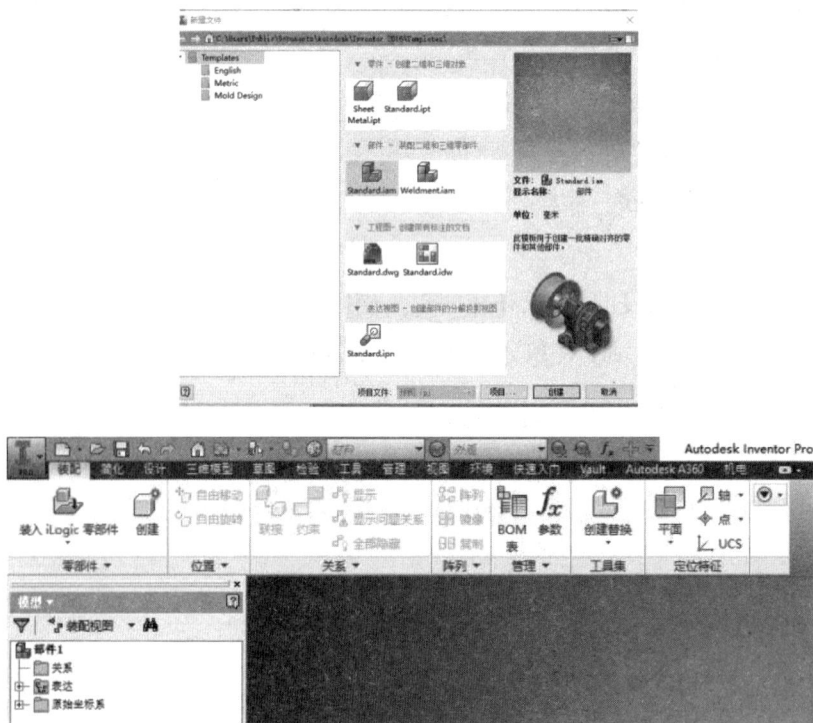

图 3-43　进入部件环境

2.装入阀体零部件：单击  中的放置命令，在弹出项目文件对

话框中选择阀体文件，单击打开，如图 3-44 所示。

图 3-44 装入阀体零部件

3.通过约束 ，将零件进行装配，如图 3-45 所示。

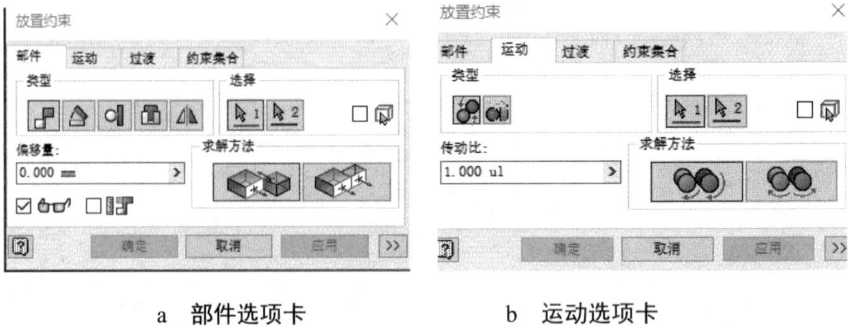

a 部件选项卡　　　　　　b 运动选项卡

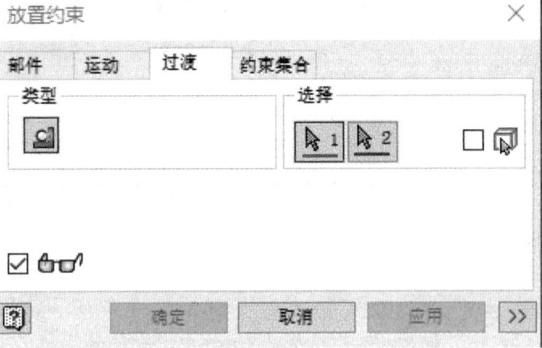

c 过渡选项卡

图 3-45　装配零件

该对话框有部件、运动、过渡及约束集合四个选项卡。部件选项卡有配合、角度、相切、插入与对称五种约束类型，运动选项卡有旋转、转动-平动两种约束类型，过渡选项卡有过渡约束类型。

4.装入阀盖零件进行约束：单击 装入 iLogic 零部件 中的放置命令，在弹出的项目文件对话框中选择阀盖文件，单击打开，如图 3-46 所示。

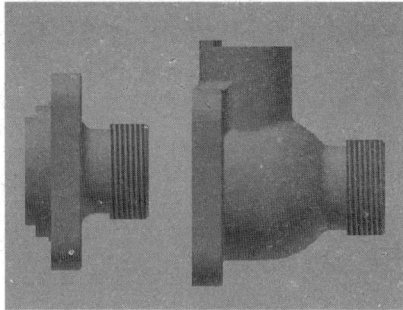

图 3-46 装入阀盖零件进行约束

5.单击插入约束与配合约束装配阀体与阀盖,如图 3-47 所示。

a 插入约束 1　　　　 b 插入约束 2　　　　 c 配合约束

图 3-47 装配阀体与阀盖

6.单击插入约束，装配阀杆与阀体，如图 3-48 所示。

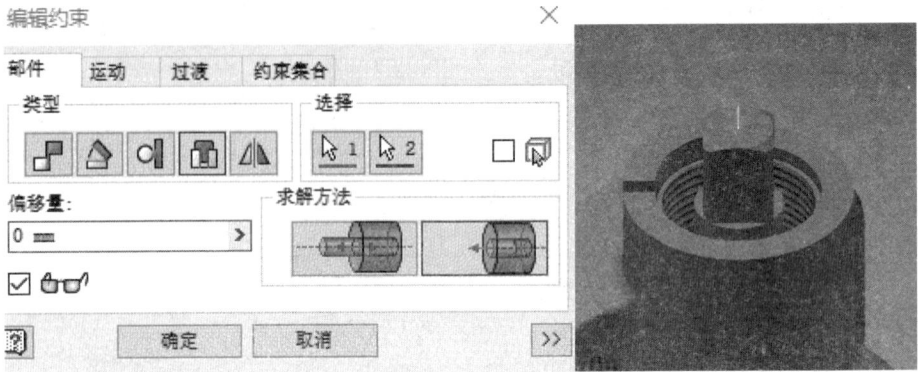

图 3-48　装配阀杆与阀体

7.单击插入与配合约束装配阀杆与扳手，如图 3-49 所示。

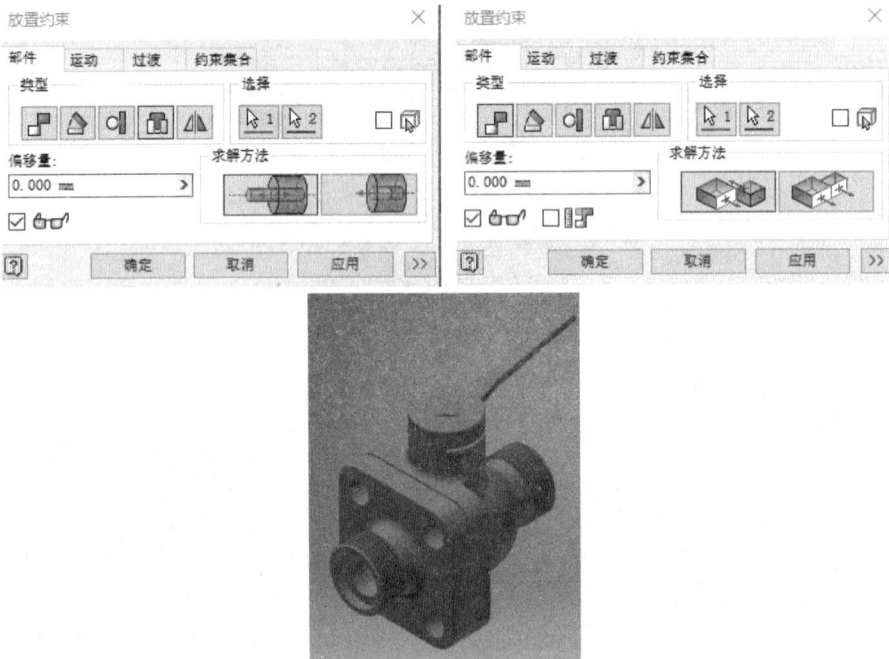

图 3-49　装配阀杆与扳手

8.单击配合约束装配阀杆与阀芯、阀芯与阀体，如图 3-50 所示。

图 3-50 装配阀杆与阀芯、阀芯与阀体

9.在装配过程中发现问题时，在浏览器中选中要编辑的内容单击右键，就可以重新编辑了。

10.需要对扳手、阀杆、阀芯进行运动约束。单击运动约束，选择扳手、阀杆；用同样的方法约束阀杆与阀芯。约束完之后，就可以实现转动扳手带动阀杆与阀芯旋转，如图 3-51 所示。

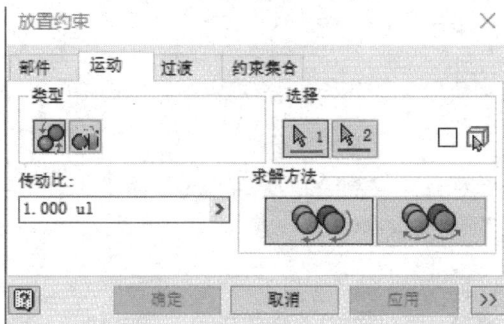

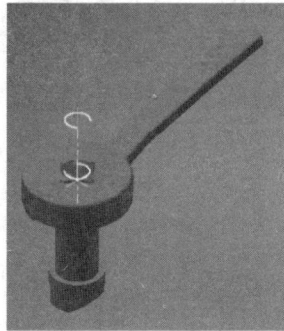

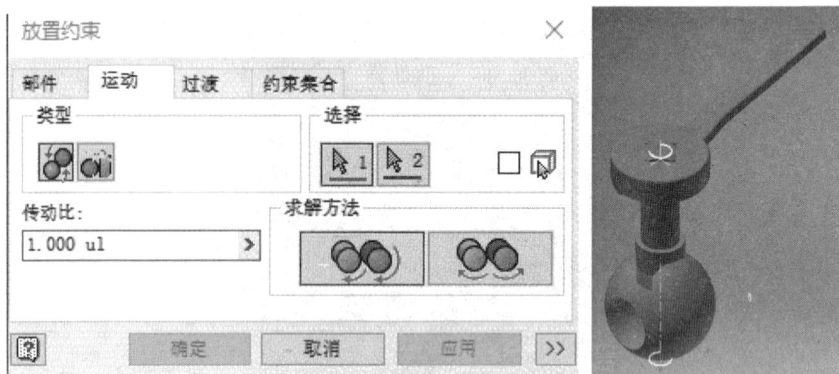

图 3-51　对扳手、阀杆、阀芯进行运动约束

11.调标准件与常用件的方法：由于所有产品都会有标准件，对于标准件已有标准，在设计过程中可以直接调用。对于球阀而言，需要螺柱与螺母，下面就以螺柱与螺母为例调用标准件。

单击放置中的资源中心，在对话框中选择螺柱，如图 3-52 所示。

图 3-52　资源中心-螺柱

通过查表选择 　　，根据要求选择 M12×25 的螺柱，选择配合与插

入约束装配螺柱与阀盖、阀体，单击矩形阵列命令，按要求填写选项卡，如图
3-53 所示。

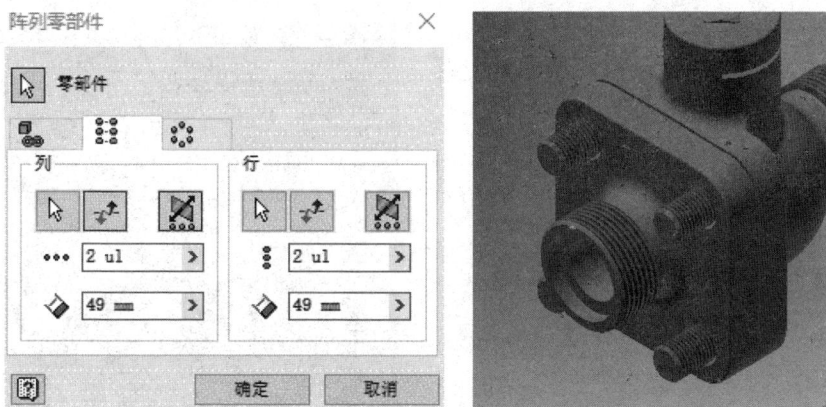

图 3-53　装配螺柱与阀盖、阀体

通过查表选择 　，根据要求选择 M12 的螺母，选择配合与插入约束

装配螺柱与螺母，单击矩形阵列命令，按要求填写选项卡，如图 3-54 所示。

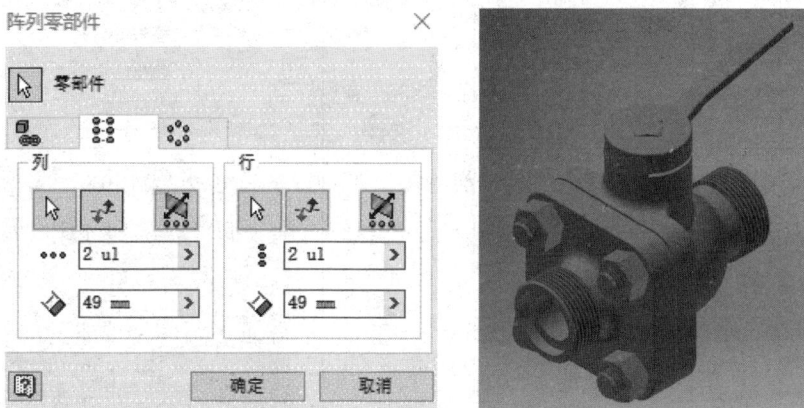

图 3-54　装配螺柱与螺母

12.改变零部件颜色。单击左键选择需要改变颜色的零件，单击右键选择 iProperty 命令，选择对话框中的引用选项卡对零部件颜色进行更改，要求如下：阀盖颜色为黄铜-抛光，阀体颜色为黄铜-锻光，扳手颜色为不锈钢，密封圈颜色为 PVC，如图 3-55 所示。

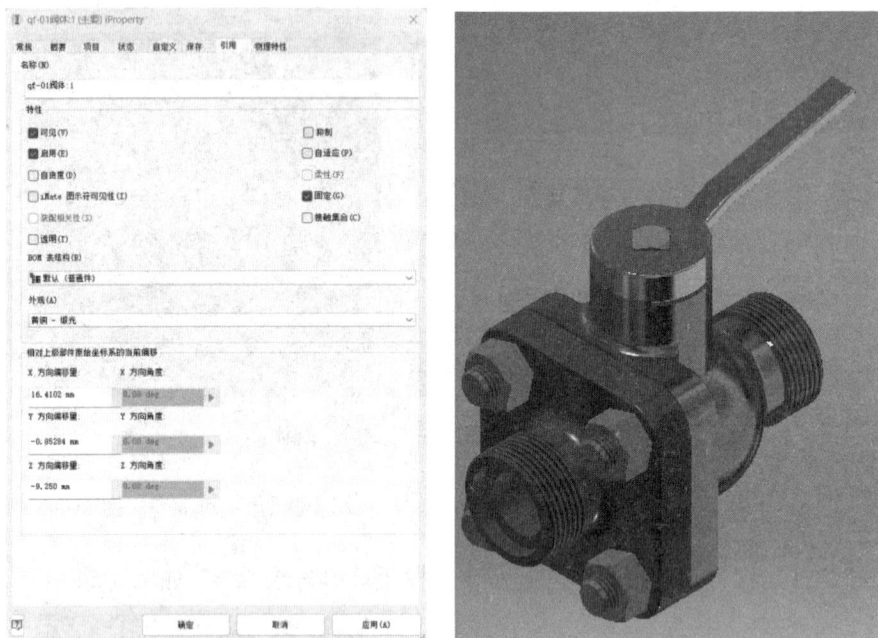

**图 3-55　改变零部件颜色**

13.部件剖视图。在很多过程中，零件内部结构很难观察清楚，在软件中，可以用剖切方式，直观地观察内部结构。剖视图的四种类型如下：

（1）零件 1/4 剖视图：使用两个互相垂直的平面，将零件分成 4 部分，并删除面向使用者的 3/4。

（2）半剖视图（如图 3-56 所示）：使用一个平面，将零件分成两部分，并删除面向使用者的一部分。

（3）零件 3/4 剖视图：使用两个互相垂直的平面，将零件分成 4 部分，并删除面向使用者的 1/4。

（4）全剖视图：用剖切面完全地剖开物体。

图 3-56 半剖视图

14.部件渲染

单击工具面板中的环境按钮选择 ，进入 Inventor Studio 渲染环境中，在工具面板中对光源、场景与外观进行设置，如图 3-57 所示。

图 3-57 渲染环境工具面板

（1）光源样式设置如图 3-58 所示。

图 3-58　光源样式设置

（2）照相机设置如图 3-59 所示。

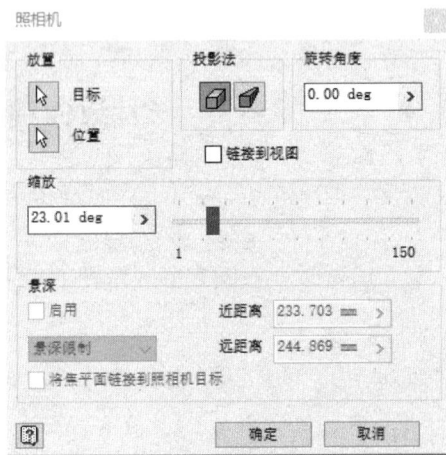

图 3-59　照相机设置

（3）单击 ✔ 完成 Inventor Studio 退出 ，创建渲染装配体，如图 3-60 所示。

图 3-60　创建渲染装配体

【学生练习与评价】

1.软件操作成绩占总成绩的 80%，如表 3-10 所示。

表 3-10　软件操作评分表

| 零件图形 | 评分内容 | 评分细则 | 分值 | 得分 |
|---|---|---|---|---|
|  | 新建零件与放置命令 | 进入零部件环境与装入阀体零部件 | 10 分 | |
|  | 插入约束与配合约束 | 阀盖与阀体约束 | 10 分 | |

| 零件图形 | 评分内容 | 评分细则 | 分值 | 得分 |
|---|---|---|---|---|
| | 插入约束 | 阀杆与阀体约束 | 10分 | |
| | 插入与配合约束 | 阀杆与扳手约束 | 10分 | |
| | 配合约束 | 阀杆与阀芯、阀芯与阀体约束 | 10分 | |
| | 运动约束 | 对扳手、阀杆、阀芯进行运动约束 | 10分 | |

| 零件图形 | 评分内容 | 评分细则 | 分值 | 得分 |
|---|---|---|---|---|
| | 配合与插入约束 | 螺柱与阀盖、阀体约束 | 10分 | |
| | 配合与插入约束 | 螺柱与螺母约束 | 10分 | |
| | 半剖视图 | 创建半剖视图 | 10分 | |
| | Inventor Studio命令 | 部件渲染 | 10分 | |

2.职业素养成绩根据学习过程中对学生表现的评价确定,占总成绩的20%,如表 3-11 所示。

表 3-11　职业素养评分表

| 评分内容 | 评分明细 | 分值 | 得分 | |
|---|---|---|---|---|
| | | | 自评 | 互评 |
| 合作精神 | 能积极参加小组讨论,与他人良好合作 | 20分 | | |
| | 能与他人一起进行线上学习,查阅资料 | 20分 | | |
| | 能积极主动与他人解决疑难问题 | 20分 | | |
| | 能主动找出他人的操作不规范 | 20分 | | |
| 5S 职业素养 | 1.违反安全操作,扣 4 分;<br>2.不能规范操作计算机,扣 4 分;<br>3.未按现场规范文明、有序地完成任务,扣 4 分;<br>4.学生应合理应对教室各类问题,不尊重老师及同学,扣 4 分;<br>5.未保持工位整洁,扣 4 分 | 20分 | | |

# 任务三 球阀零件工程图设计

【学习目标】

1.熟悉创建球阀零部件基础视图、剖视图的操作方法。

2.熟悉零件图与装配图的标注方法。

【学时】

4 学时。

【考核要点】

1.图幅选择、视图选择、视图配置及表达方案合理。

2.所绘制视图的要素完整、准确。

3.尺寸标注齐全、正确、清晰。

4.根据任务要求，查阅机械设计手册或软件自带工具，在各零件的相应位置上正确标注尺寸公差、几何公差、表面粗糙度等精度要求。

5.其余技术要求内容应基本符合零件工作要求，无明显错误。

6.标题栏按任务要求给定的内容正确填写。

7.文件保存为"DWG"格式，并以"零件代号＋零件名称"的方式命名（如：qf-02 阀盖），保存到子文件夹"项目三-球阀"内。

【任务要求】

以阀盖为例，将设计好的零件图转化成二维图，检验与已给尺寸的准确度。

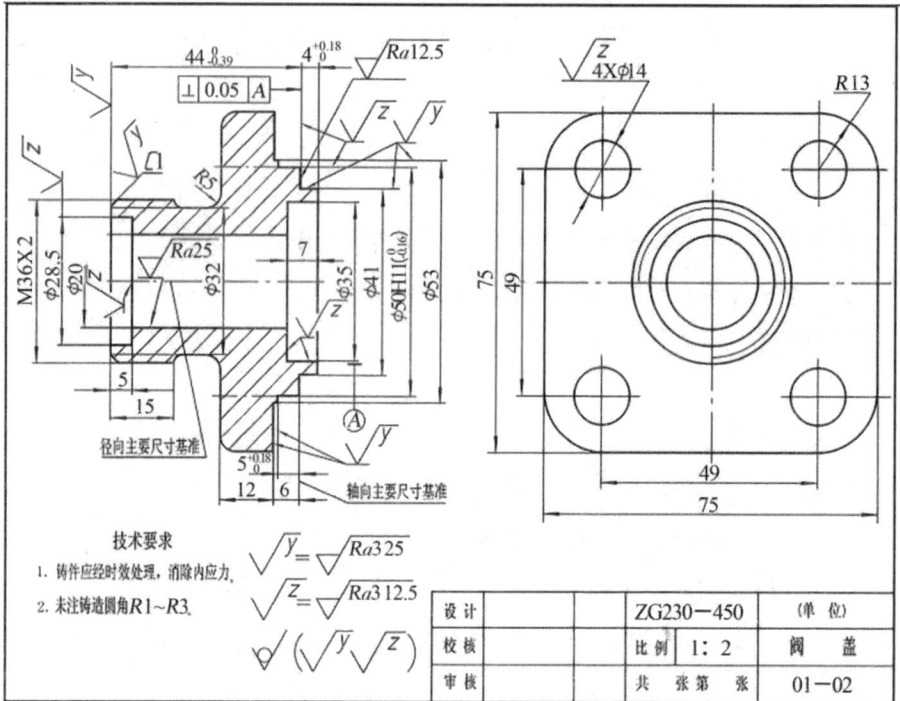

技术要求

1. 铸件应经时效处理,消除内应力。

2. 未注铸造圆角R1~R3。

| 设 计 | | ZG230-450 | (单 位) |
|---|---|---|---|
| 校 核 | | 比 例 | 1：2 | 阀 盖 |
| 审 核 | | 共 张第 张 | 01-02 |

【任务实施流程】

1.单击新建命令,在对话框中单击"Standard.dwg",单击创建,如图3-61所示。

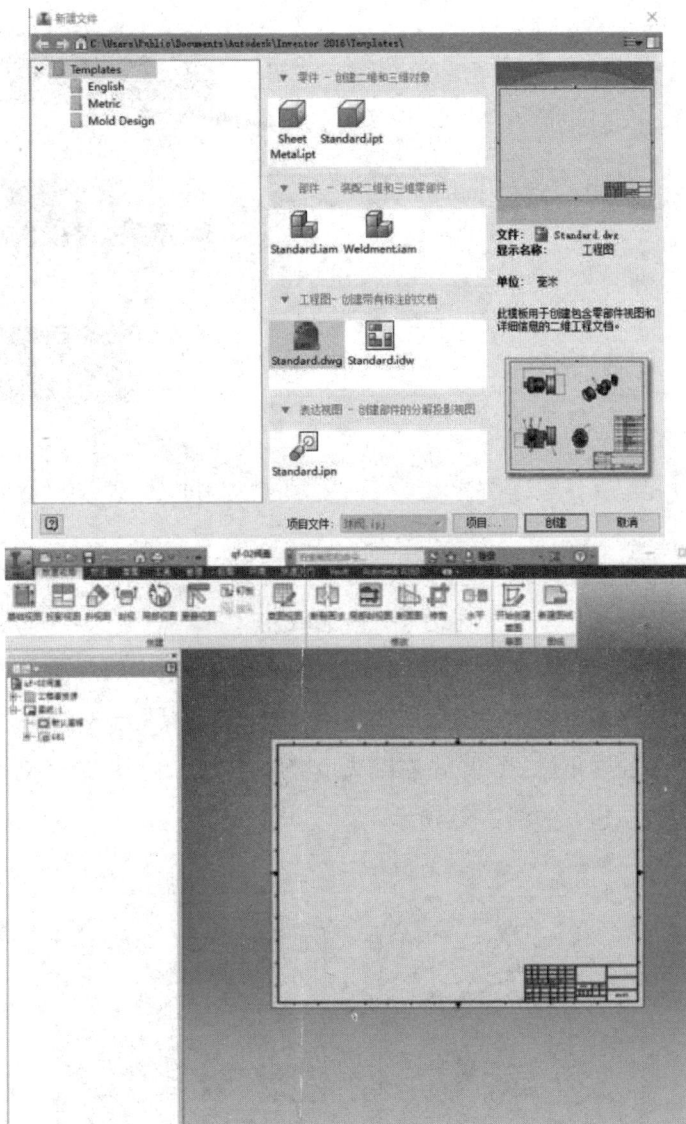

图 3-61　创建 Standard.dwg

2.创建基础视图。单击工具面板上放置视图选项卡中的基础视图，打开工程视图对话框，选取创建基础视图的零部件文件，如图 3-62 所示。

图 3-62　创建基础视图

3.创建剖视图。单击工具面板上的放置视图选项卡中的剖视图,移动鼠标至左视图上侧单击左键确定剖切面的起始位置,移动鼠标至左视图下侧单击左键确定剖切面的终止位置,单击右键选择继续,在对话框中选择剖视图比例,完成剖视图的创建,如图 3-63 所示。

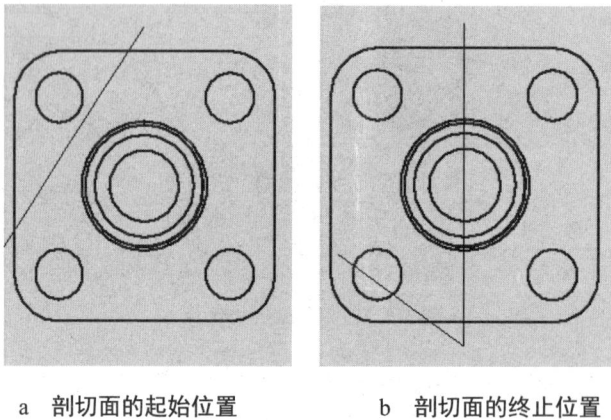

| a　剖切面的起始位置 | b　剖切面的终止位置 |

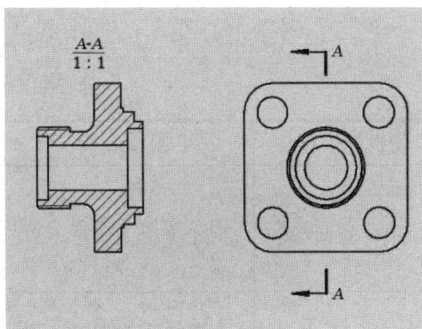

c 对话框　　　　　　　　　d 剖视图

图 3-63 创建剖视图

4.工程图标注。

（1）选择工具栏中的标注命令，如图 3-64 所示。

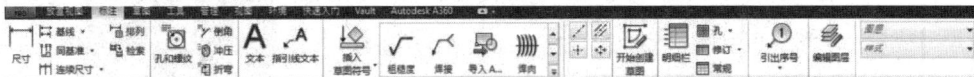

图 3-64 选择标注命令

（2）在浏览器中修改图纸格式，如图 3-65 所示。

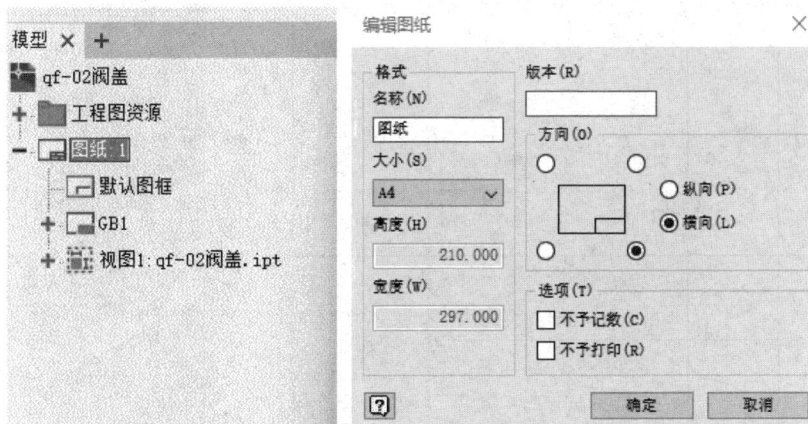

图 3-65 修改图纸格式

（3）创建中心线。单击中心线命令 ，选择创建中心线的圆，如图 3-66 所示。

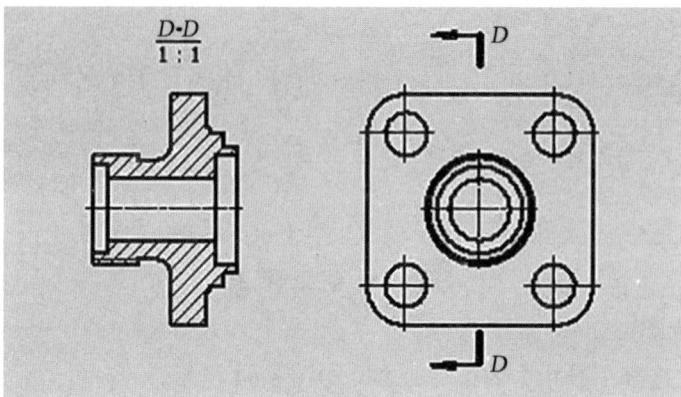

**图 3-66　创建中心线**

（4）创建基本尺寸。单击尺寸命令 ，可以编辑文本格式、精度和公差等，如图 3-67 所示。

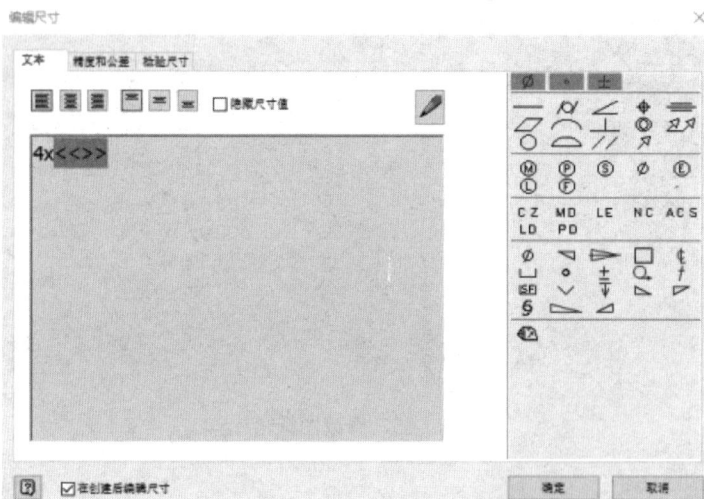

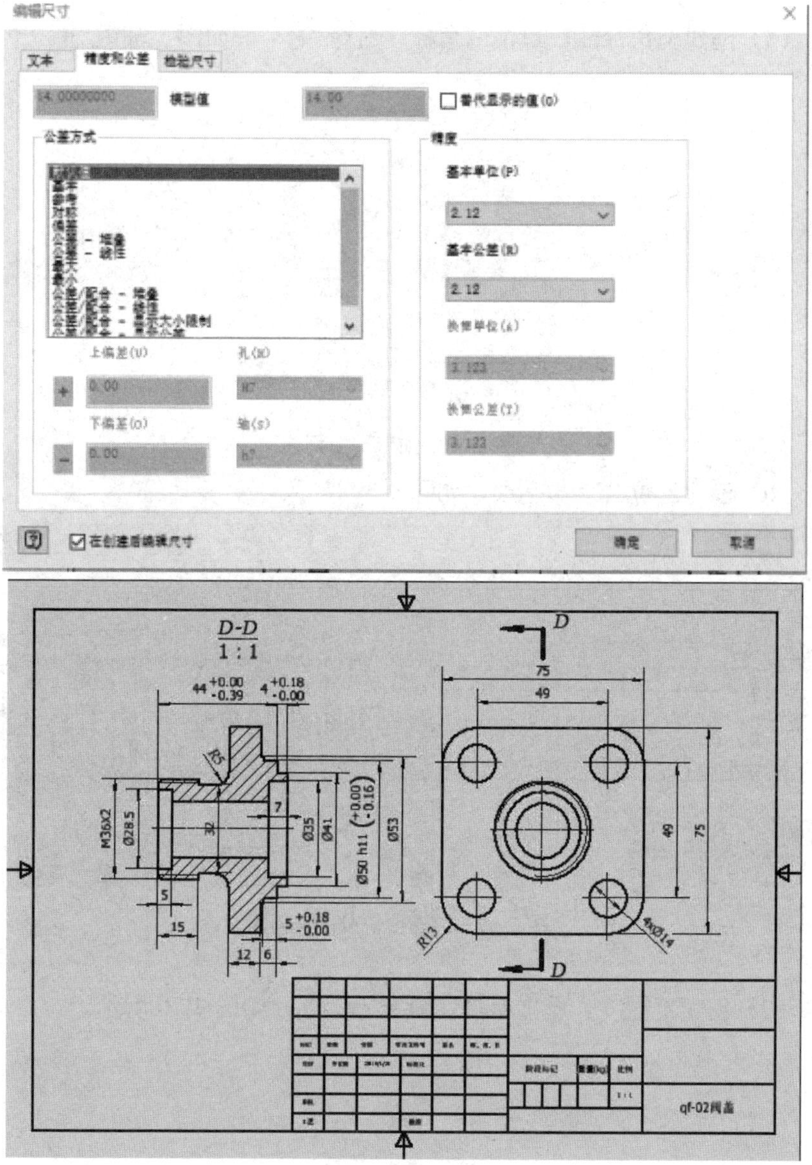

图 3-67 创建基本尺寸

（5）创建倒角标注。单击倒角标注命令 ，如图 3-68 所示。

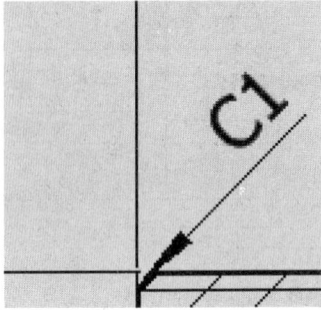

图 3-68　创建倒角标注

（6）创建形位公差与基准，如图 3-69 所示。

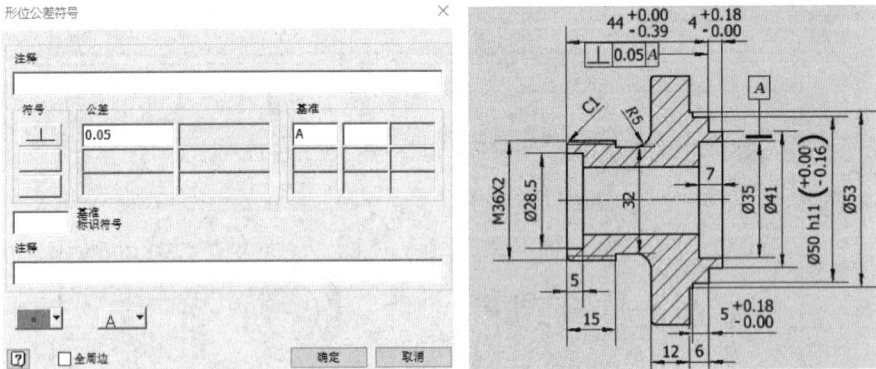

图 3-69　创建形位公差与基准

（7）创建粗糙度。单击粗糙度命令 　，如图 3-70 所示。

粗糙度

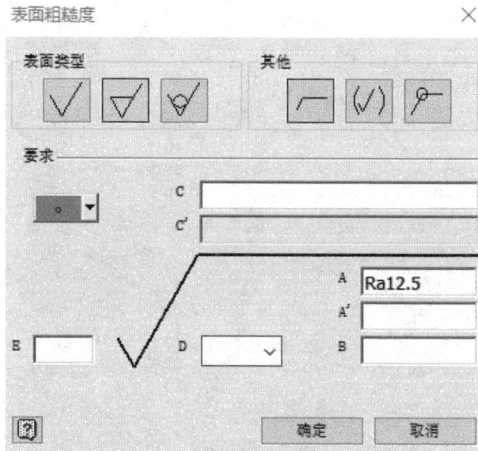

图 3-70　创建粗糙度

（8）创建指引线文本。单击指引线文本命令 ，标注径向主要基准
与轴向主要基准，如图 3-71 所示。

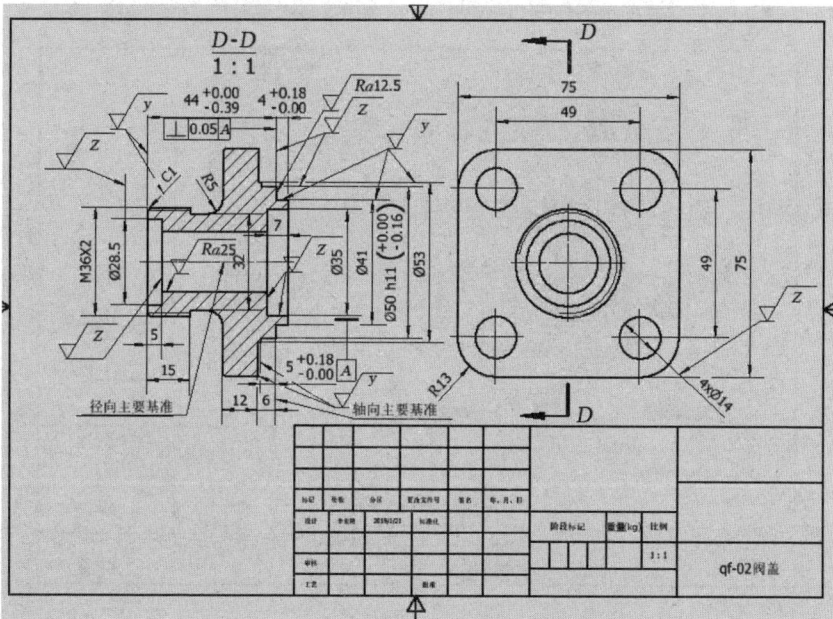

图 3-71　标注径向主要基准与轴向主要基准

5.创建文本。单击工具面板的文本选项卡 $^{\mathbf{A}}$ 文本 ，在草图区域按住左键，移动鼠标拖出一个矩形，松开鼠标设置文本对话框，如图 3-72 所示。

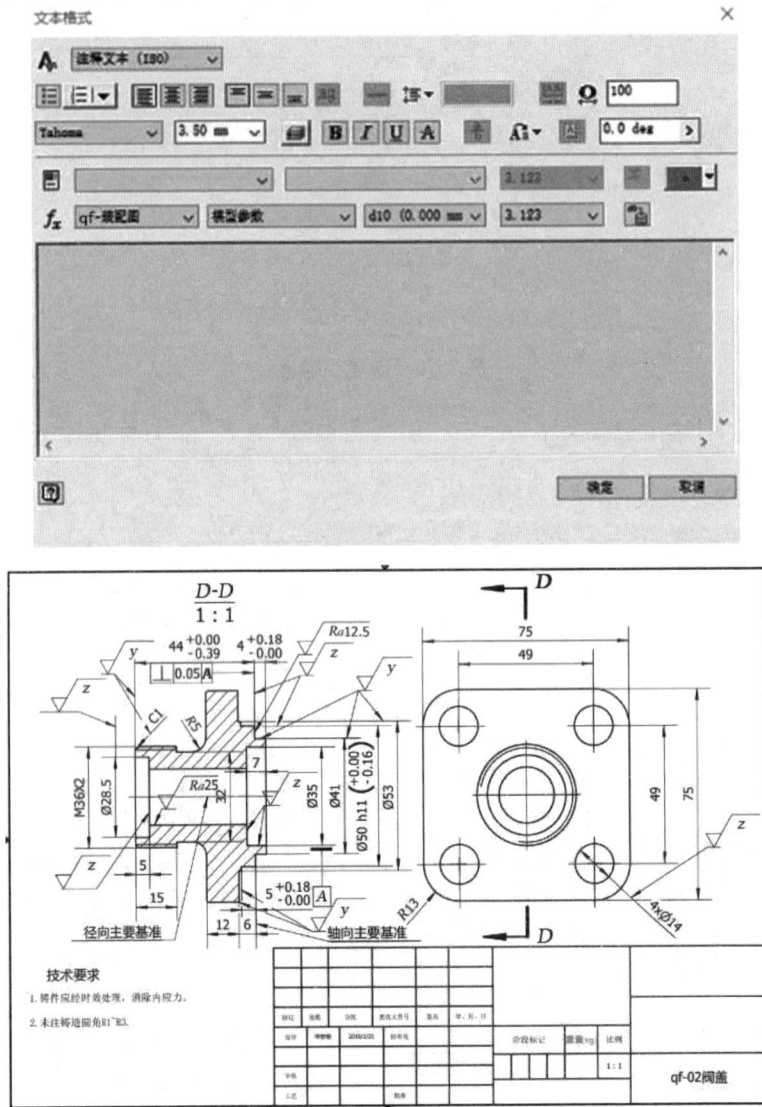

图 3-72　创建文本

6.单击指引线文本 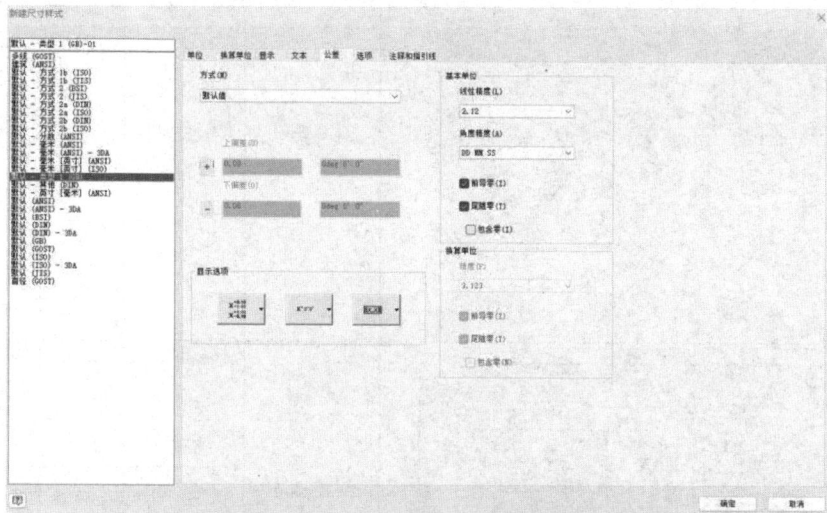，单击某处作为指引线起点，选择要编辑的指引线，单击右键，对箭头、指引线等进行编辑，如图 3-73 所示。

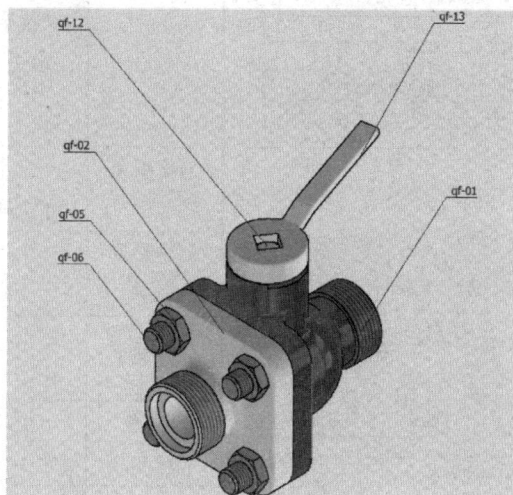

图 3-73 编辑指引线

【学生练习与评价】

1.软件操作成绩占总成绩的 80%，如表 3-12 所示。

表 3-12　软件操作评分表

| 零件图形 | 评分内容 | 评分细则 | 分值 | 得分 |
|---|---|---|---|---|
| | 创建基础视图与剖视图 | 进入零部件环境与装入阀体零部件 | 10 分 | |
| | 创建基本尺寸 | 编辑文本格式 | 10 分 | |
| | | 精度和公差 | 10 分 | |
| | 创建倒角标注 | 一个尺寸 2 分 | 2 分 | |
| | 创建形位公差 | 一个尺寸 3 分 | 3 分 | |
| | 创建基准 | 一个尺寸 5 分 | 5 分 | |
| | 创建粗糙度 | 一个尺寸 3 分 | 30 分 | |
| | 创建文本 | 径向与轴向标注各 6 分 | 12 分 | |

续表

| 零件图形 | 评分内容 | 评分细则 | 分值 | 得分 |
|---|---|---|---|---|
| | 创建文本与指引线 | 一条指引线3分 | 18分 | |

2.职业素养成绩根据学习过程中对学生表现的评价确定,占总成绩的20%,见表3-13。

表 3-13 职业素养评分表

| 评分内容 | 评分明细 | 分值 | 得分 | |
|---|---|---|---|---|
| | | | 自评 | 互评 |
| 合作精神 | 能积极参加小组讨论,与他人良好合作 | 20分 | | |
| | 能与他人一起进行线上学习,查阅资料 | 20分 | | |
| | 能积极主动与他人解决疑难问题 | 20分 | | |
| | 能主动找出他人的操作不规范 | 20分 | | |

续表

| 评分内容 | 评分明细 | 分值 | 得分 | |
|---|---|---|---|---|
| | | | 自评 | 互评 |
| 5S 职业素养 | 1.违反安全操作，扣4分；<br>2.不能规范操作计算机，扣4分；<br>3.未按现场规范文明、有序地完成任务，扣4分；<br>4.学生应合理应对教室各类问题，不尊重老师及同学，扣4分；<br> 5.未保持工位整洁，扣4分 | 20分 | | |

# 任务四　球阀视图表达

【学习目标】

1.了解调整球阀零部件的操作过程。

2.熟悉球阀零件位置的调整过程。

3.熟悉制作动画的过程与球阀零件装配的顺序。

4.创建爆炸图明细栏。

【学时】

2学时。

【考核要点】

1.生成总装配体的爆炸视图。

2.要根据装配方向决定不同零件的移动方向和位置，并标注零件编号。

3.文件保存为"*.ipn"格式，以"qf-爆炸图"命名，保存到子文件夹"项目三-球阀"内。

【任务目标】

使用软件绘制如图 3-74 所示的球阀三维视图表达图。

图 3-74 球阀三维视图表达图

【任务实施流程】

表达视图用于表达零部件的装配关系与拆装过程。

1.新建文件表达视图"Standard.ipn"，创建球阀的分解装配图进入表达视图界面，如图 3-75 所示。

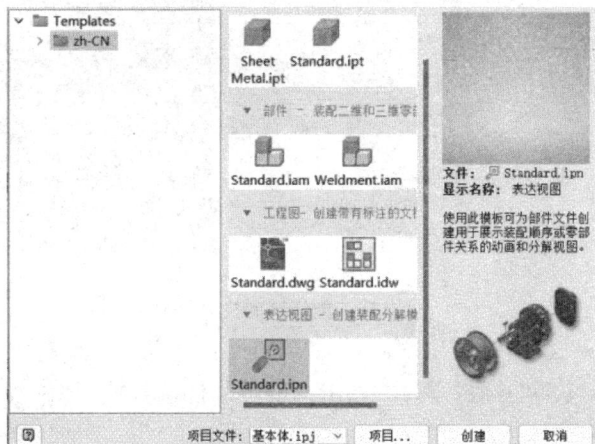

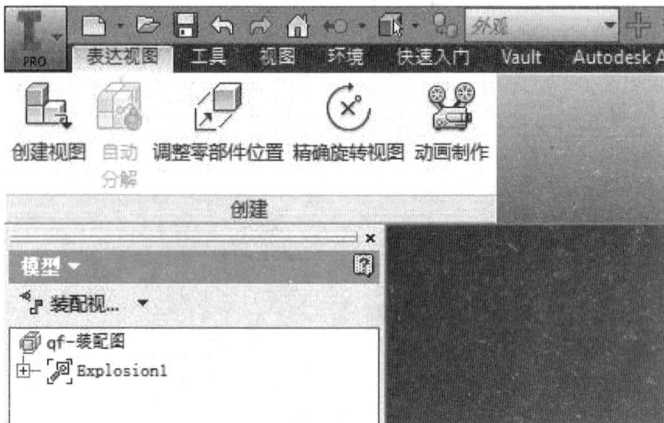

图 3-75　创建表达视图界面

2.单击创建视图  按钮，打开选择部件对话框，在对话框中选择创建

球阀文件，如图 3-76 所示。

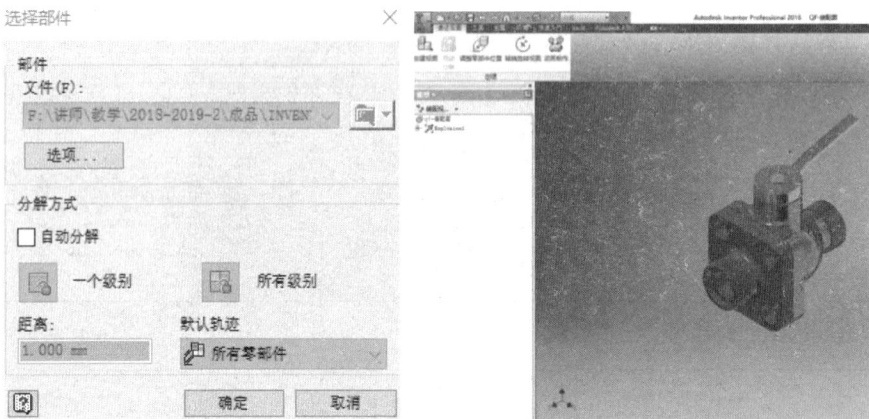

图 3-76　创建球阀文件

3.单击选择移动的螺母零件，点击调整零部件位置按钮 ，选择移

动的螺母零件位置及移动距离，按照球阀的装配顺序调整每一个零件的移动顺序，如图 3-77 所示。

图 3-77　调整零部件位置

4.单击动画制作按钮 ，在对话框中设置动画参数，通过调整动画顺序调整零件装配的顺序，如图 3-78 所示。

图 3-78　设置动画参数

单击录像按钮 开始录像。创建"qf-爆炸图.ipn"文件。

5.创建爆炸图明细栏。

（1）进入工程图环境，创建球阀轴测图，如图 3-79 所示。

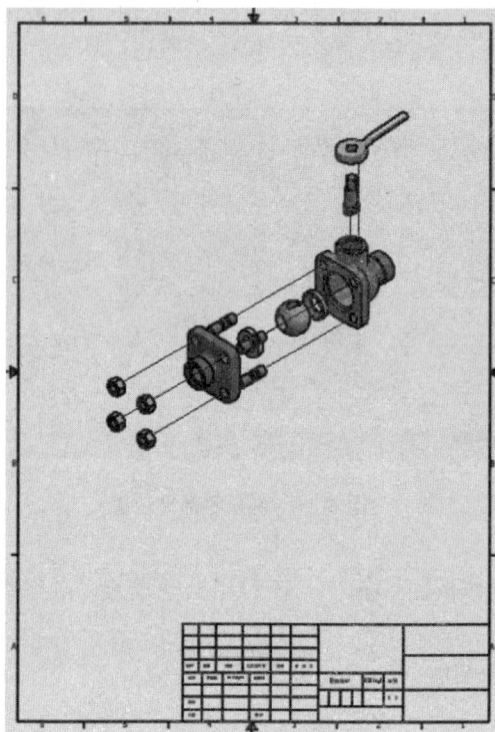

图 3-79　创建球阀轴测图

（2）选择自动引出序号，如图 3-80 所示。

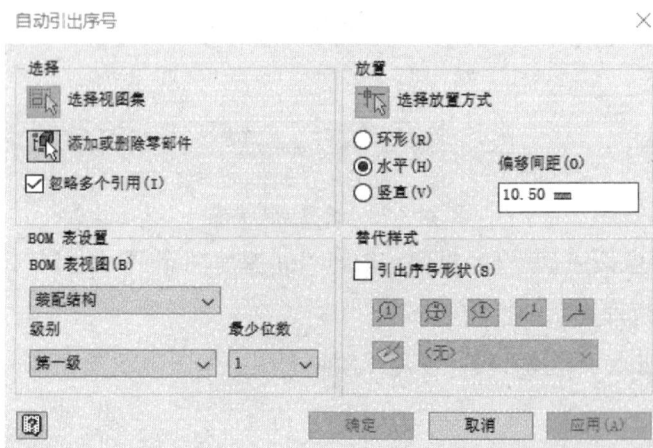

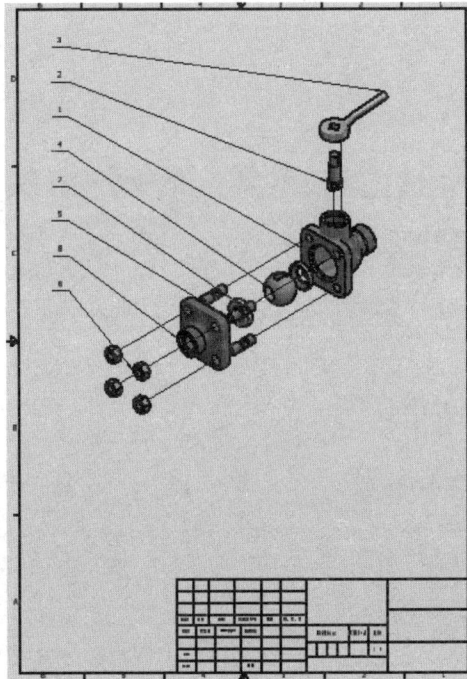

图 3-80　选择自动引出序号

（3）单击标注工具栏 标注 里的明细栏命令 ⊞ ，创建明细栏；通过编 明细栏

辑明细栏填写相应的数据，如图 3-81、图 3-82 所示。

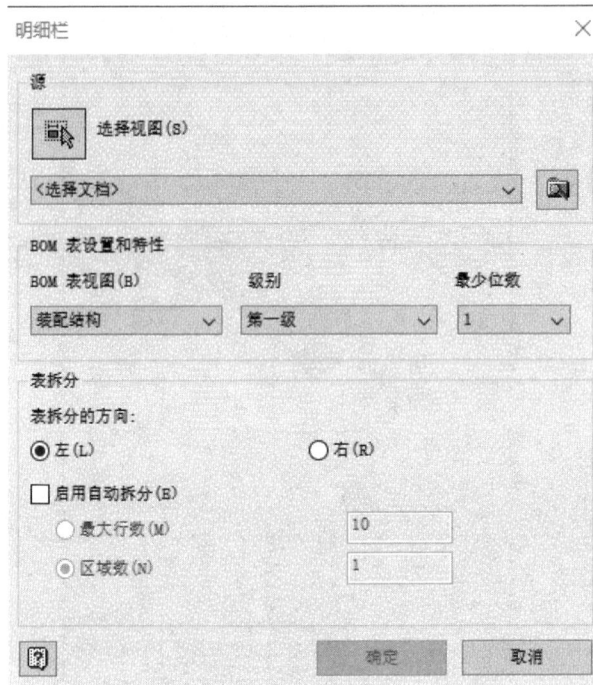

图 3-81　创建明细栏

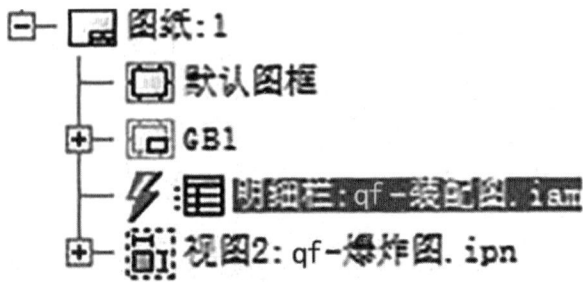

图 3-82　编辑明细栏

（4）环境设置。单击视图中的地平面 🔲 地平面 ▾ 进行设置，如图 3-83 所示。

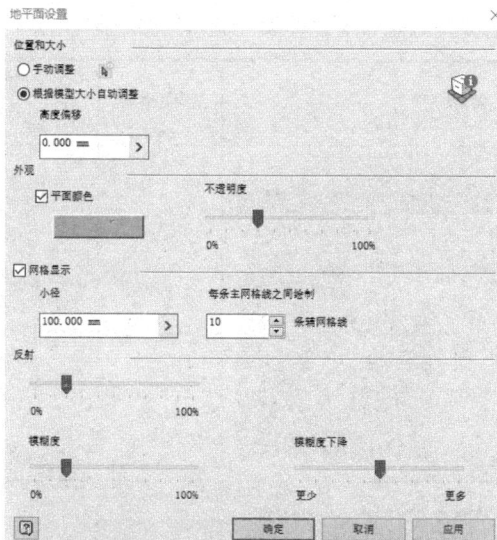

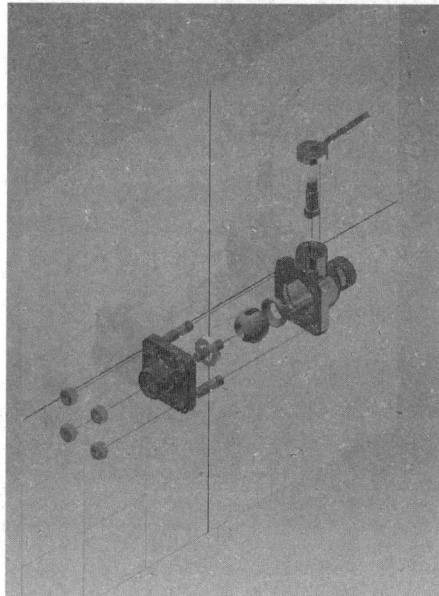

图 3-83　环境设置

【学生练习与评价】

1.软件操作成绩占总成绩的 80%，如表 3-14 所示。

表 3-14　软件操作评分表

| 零件图形 | 评分内容 | 评分细则 | 分值 | 得分 |
|---|---|---|---|---|
| 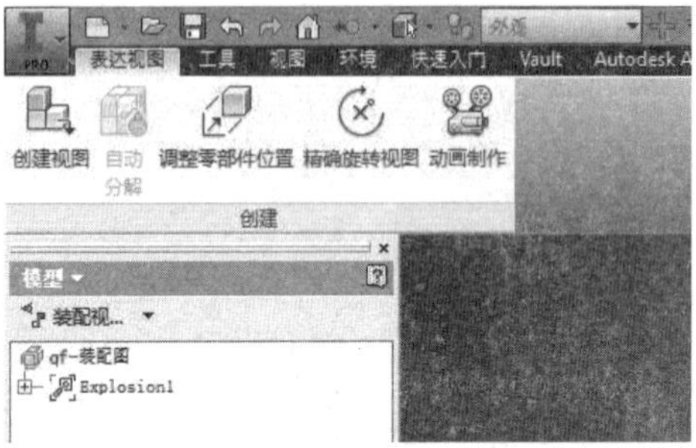 | 创建表达视图界面 | 进入界面 5 分 | 5 分 | |
| 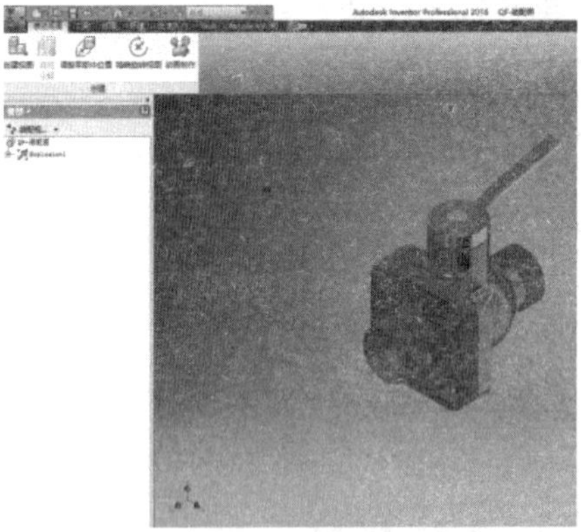 | 创建视图 | 一个视图 5 分 | 5 分 | |
|  | 调整零部件位置 | 一个位置 3 分 | 24 分 | |
| | 动画制作 | 一个动画 5 分 | 5 分 | |

| 零件图形 | 评分内容 | 评分细则 | 分值 | 得分 |
|---|---|---|---|---|
| | 创建轴测图 | 一个尺寸<br>3分 | 3分 | |
| | 选择自动引出<br>序号 | 一个序号<br>3分 | 24分 | |
| | 创建明细栏 | 一个零件的<br>相关内容<br>3分 | 24分 | |
| | 环境设置 | 地面光源与<br>阴影设置 | 10分 | |

2.职业素养成绩根据学习过程中对学生表现的评价确定,占总成绩的20%,如表 3-15 所示。

表 3-15    职业素养评分表

| 评分内容 | 评分明细 | 分值 | 得分 | |
|---|---|---|---|---|
| | | | 自评 | 互评 |
| 合作精神 | 能积极参加小组讨论,与他人良好合作 | 20分 | | |
| | 能与他人一起进行线上学习,查阅资料 | 20分 | | |
| | 能积极主动与他人解决疑难问题 | 20分 | | |
| | 能主动找出他人的操作不规范 | 20分 | | |
| 5S 职业素养 | 1.违反安全操作,扣4分;<br>2.不能规范操作计算机,扣4分;<br>3.未按现场规范文明、有序地完成任务,扣4分;<br>4.学生应合理应对教室各类问题,不尊重老师及同学,扣4分;<br>5.未保持工位整洁,扣4分 | 20分 | | |

# 项目四　机用虎钳的设计

【学习目标】

1.掌握机用虎钳零件草图与三维图的设计方法。

2.掌握机用虎钳部件的设计方法。

3.掌握机用虎钳视图的表达方法。

4.掌握机用虎钳零件工程图的设计方法。

【学时】

20 学时。

【考核要点】

1.使用绘制草图命令绘制机用虎钳零件的方法。

2.使用三维造型命令绘制机用虎钳零件的方法。

3.掌握机用虎钳工程图的设置方法。

4.使用部件环境中的命令编辑部件的方法。

5.掌握机用虎钳表达视图的基本方法。

【项目描述】

## 一、机用虎钳的基本知识

机用虎钳是一种通用夹具，常用于安装小型工件，它是铣床、钻床的随机附件，一般固定在机床工作台上，用来夹持工件进行切削加工。在加工时，尤其是加工互相关联的表面时，应事先仔细校正机用虎钳在工作台纵向、横向及水平方向上的位置，校正后方可进行刨削。

## 二、本项目的进度安排

| | | |
|---|---|---|
| 任务一 | 机用虎钳零件草图与三维图设计 | 8 学时 |
| 任务二 | 机用虎钳的装配设计 | 2 学时 |
| 任务三 | 机用虎钳零件工程图设计 | 8 学时 |
| 任务四 | 机用虎钳的装配视图表达 | 2 学时 |

## 三、本项目的小组成员安排

| 分工 | 姓名 | 任务 | 完成情况 | 组内评分 |
|---|---|---|---|---|
| 组长 | | | | |
| 成员 | | | | |
| 成员 | | | | |
| 成员 | | | | |
| 成员 | | | | |
| 成员 | | | | |
| 成员 | | | | |

## 四、机用虎钳装配图与零件明细表

现有机用虎钳装配图（如图 4-1 所示）与零件明细表（如表 4-1 所示）。该项目文件名称为"项目四-机用虎钳"，要求学生按照给定零件图的图纸创建表 4-1 中的零件的三维图（见任务一的要求），按照图 4-1 的要求完成装配图的创建（见任务二的要求）。

图 4-1　机用虎钳轴测图

表 4-1　零件明细表

| 序号 | 代号或备注 | 名称 | 数量 | 材料 |
|------|-----------|------|------|------|
| 01 | jyhq-01 | 底座 | 1 | 不锈钢 |
| 02 | jyhq-02 | 滑块 | 1 | 不锈钢 |
| 03 | jyhq-03 | 丝杠 | 1 | 不锈钢 |
| 04 | jyhq-04 | 动掌 | 1 | 不锈钢 |
| 05 | GB/T 6170 | 1 型六角螺母 | 4 | 不锈钢 |
| 06 | GB/T 897-1988 | 双头螺柱 | 4 | 不锈钢 |
| 07 | jyhq-12 | 钳口板 | 2 | 不锈钢 |
| 08 | jyhq-13 | 圆螺钉 | 1 | 不锈钢 |

## 五、内容结构与任务目标

本项目的内容结构与任务目标如图 4-2 所示。

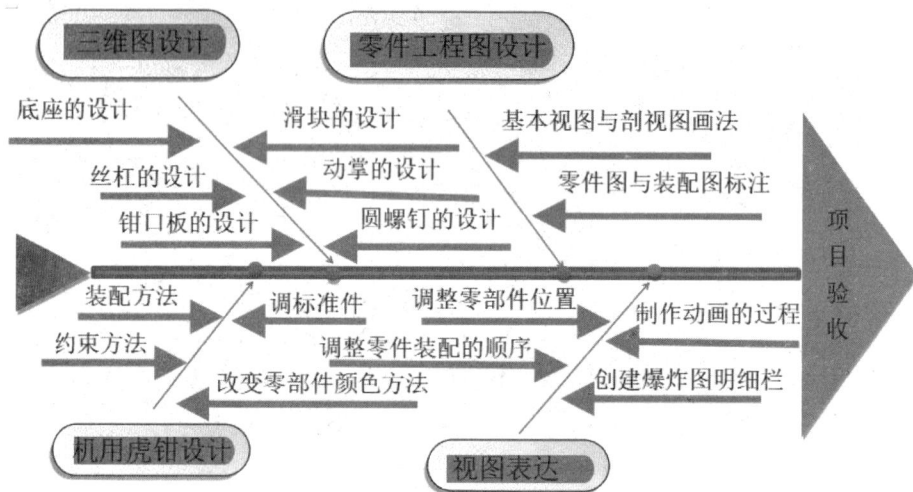

图 4-2　内容结构与任务目标

# 任务一　机用虎钳零件草图
# 与三维图设计

【学习目标】

1.了解创建机用虎钳零件草图的过程。

2.理解草图命令、矩形命令、尺寸约束命令、矩形阵列命令、圆弧命令与圆命令的创建过程。

3.理解拉伸命令、螺纹命令、螺旋扫掠命令、旋转命令、倒角命令、圆角命令、孔命令和创建工作平面命令的创建过程。

【学时】

8 学时。

【考核要点】

建立零件的几何模型,对于图纸上或模型上缺失的技术信息,如标准件(国家标准或国际标准均可采用)、螺纹或某些尺寸,根据国家标准自行设计。根据已给定的零件图,按要求对机用虎钳的零件进行三维建模。

各零件的三维建模要求如下:

(1)各零件的三维模型建模过程清楚、特征完整。

(2)各零件的三维模型尺寸正确。

(3)各零件的三维建模文件以单对象文件保存为"*.ipt"格式,以"零件代号+零件名称"的方式命名(如:jyhq-01 底座),并保存到子文件夹"项目四-机用虎钳"内。

## 活动一 底座的设计

【任务要求】

根据图纸(如图 4-3 所示)建立底座三维模型。

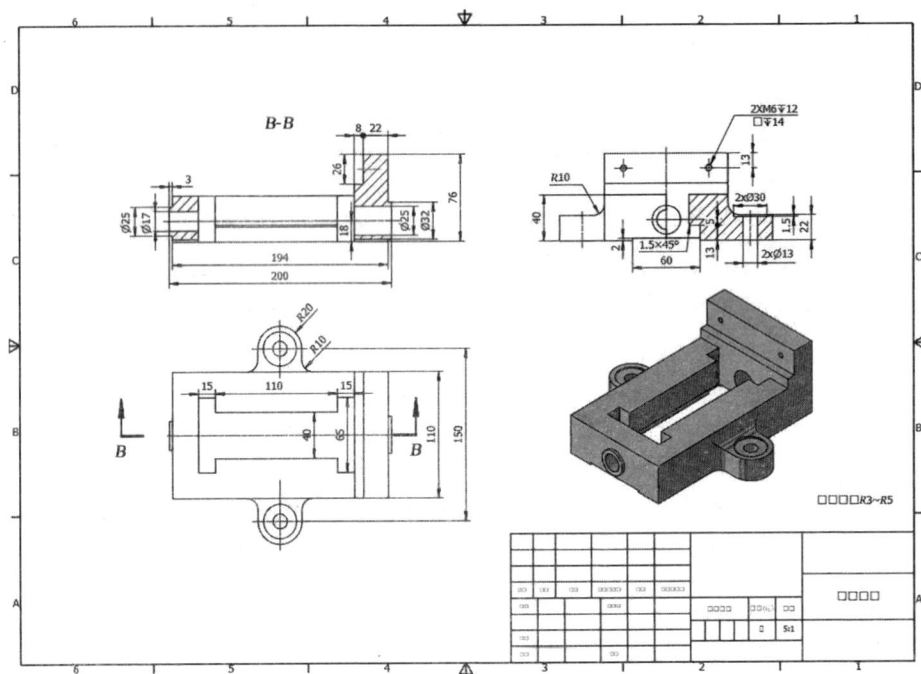

图 4-3　底座零件图

【任务分析】

1.对零件图形进行分析，底座为较复杂零件，需要将其划分为简单元素。

2.外部分析：

_____

3.内部分析：

_____

4.绘制草图并使用_____建模命令创建零件特征。

【任务目标】

使用软件绘制如图 4-4 所示的底座三维图。

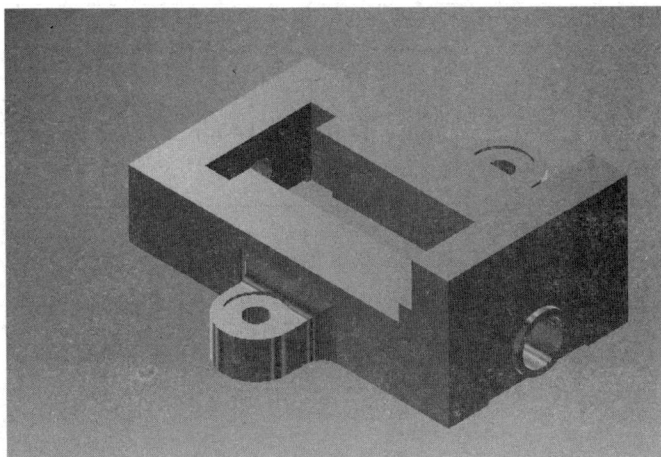

图 4-4 底座三维图

【任务实施流程】

1.选择 XY 绘图平面,使用直线命令和尺寸标注命令绘制底座外形草图;使用拉伸命令,拉伸距离是 110 mm,绘制底座外形。

2.选择底座的底面,使用圆和直线命令绘制半径是 20 mm 的两个圆,使用拉伸命令,拉伸距离是 22 mm。

3.选择底座的上表面,使用直线和尺寸标注命令绘制 65 mm、15 mm、110 mm、15 mm、40 mm 的直线,居中放置,使用拉伸命令,拉伸方式是贯通。选择底座的下表面,使用矩形命令绘制 196 mm×60 mm 的矩形,居中放置,使用拉伸命令,拉伸距离是 2 mm;使用矩形命令绘制 60 mm×110 mm 的矩形,居中放置,使用拉伸命令,拉伸距离是 13 mm。

4.使用圆命令绘制直径是 32 mm 的圆,然后使用拉伸命令,拉伸距离是 3 mm,完成圆柱的创建;使用圆命令绘制直径是 25 mm 的圆,然后使用拉伸命令,拉伸距离是 33 mm,完成圆柱孔的创建。

5.使用圆命令绘制直径是 25 mm 的圆,然后使用拉伸命令,拉伸距离是 3 mm,完成圆柱的创建;使用圆命令绘制直径是 17 mm 的圆,然后使用拉伸命令,拉伸距离是 30 mm,完成圆柱孔的创建。

6.使用孔命令绘制大孔直径是 30 mm、深度是 1.5 mm，小孔直径是 13 mm、深度是 20.5 mm，总深度是 22 mm 的沉头孔。使用孔命令绘制公称直径是 6 mm，螺纹深度是 12 mm，盲孔深是 14 mm 的螺纹孔；使用矩形阵列命令绘制第二个螺纹孔。

## 活动二  滑块的设计

【任务要求】

根据图纸（如图 4-5 所示）建立滑块三维模型。

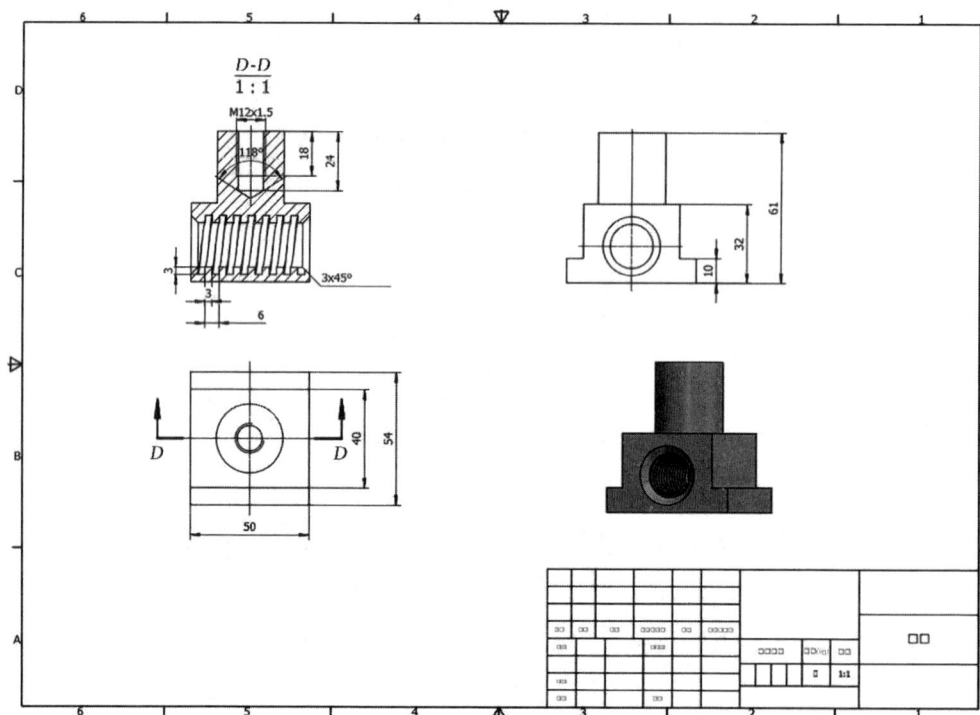

图 4-5  滑块零件图

【任务分析】

1.零件图分析：滑块为较复杂零件，需要将其划分为简单元素。

2.外部分析：

_____

_____

3.内部分析：

_____

_____

4.绘制草图并使用_____建模命令创建零件特征。

【任务目标】

使用软件绘制如图 4-6 所示的滑块三维图。

图 4-6　滑块三维图

【任务实施流程】

1.选择 XZ 平面,使用矩形命令绘制 50 mm×54 mm 的矩形,使用拉伸命令,拉伸距离是 10 mm,绘制第一个长方体;使用矩形命令绘制 50 mm×40 mm 的矩形,使用拉伸命令,拉伸距离是 22 mm,绘制第二个长方体;使用圆命令绘制直径是 28 mm 的圆,拉伸距离是 29 mm,绘制圆柱体。

2.选择圆柱上表面,使用孔命令绘制 M12×1.5 的螺纹孔。

3.使用孔命令绘制直径是 23.5 mm 的孔,然后使用倒角命令绘制边长是 3 mm×45° 的倒角。

4.选择 XY 绘图平面,使用直线命令绘制一条轴线,使用矩形命令绘制 3 mm×3 mm 的矩形,使用螺旋扫掠命令绘制矩形螺纹(螺距是 6 mm)。

# 活动三 丝杠的设计

【任务要求】

根据图纸(如图 4-7 所示)建立丝杠三维模型。

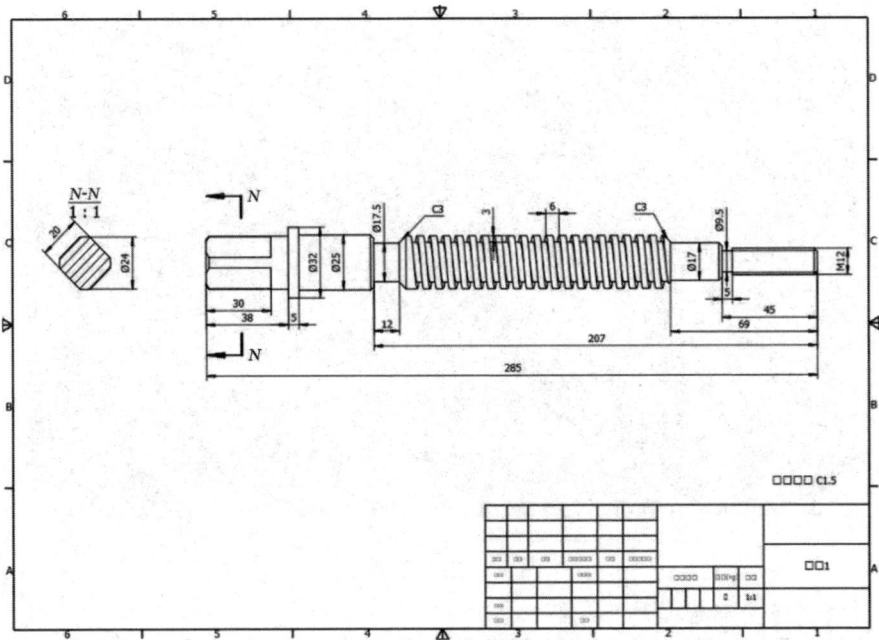

图 4-7 丝杠零件图

【任务分析】

1.零件图分析：丝杠为较复杂零件，需要将其划分为简单元素。

2.外部分析：

_____

_____

_____

_____

_____

3.绘制草图并使用_____建模命令创建零件特征。

【任务目标】

使用软件绘制如图 4-8 所示的丝杠三维图。

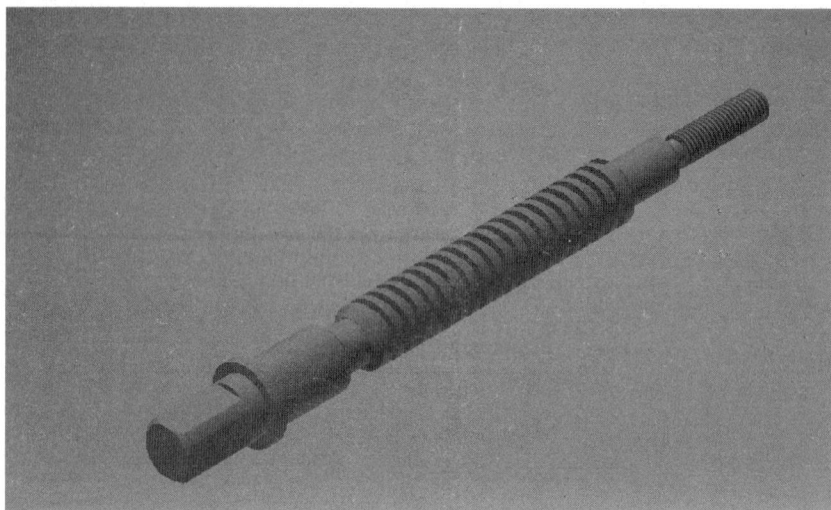

图 4-8 丝杠三维图

【任务实施流程】

1.选择 XY 绘图平面,使用矩形命令绘制 12 mm×38 mm、16 mm×5 mm、25/2 mm×35 mm、17.5/2 mm×12 mm、(207−69−12)/2 mm×(17.5+6)/2 mm、17/2 mm×(69−45) mm、9.5/2 mm×5 mm、6 mm×(45-5) mm 的矩形,然后使用旋转命令绘制 8 个圆柱。

2.选择直径是 24 mm 的圆柱的左端面,使用三点中心画矩形的命令绘制 20 mm×20 mm 的正方形,使用圆命令绘制直径是 24 mm 的圆,修剪草图,使用拉伸命令,拉伸距离是 30 mm。

3.使用倒角命令绘制 C1.5、C3、C3、C1.5、C1.5。

4.选择 XY 绘图平面,使用直线命令绘制一条轴线,使用矩形命令绘制 3 mm×3 mm 的正方形,使用螺旋扫掠命令绘制矩形螺纹(螺距是 6 mm)。

5.使用螺纹命令绘制 M12 的螺纹。

## 活动四 动掌的设计

【任务要求】

根据图纸（如图 4-9 所示）建立动掌三维模型。

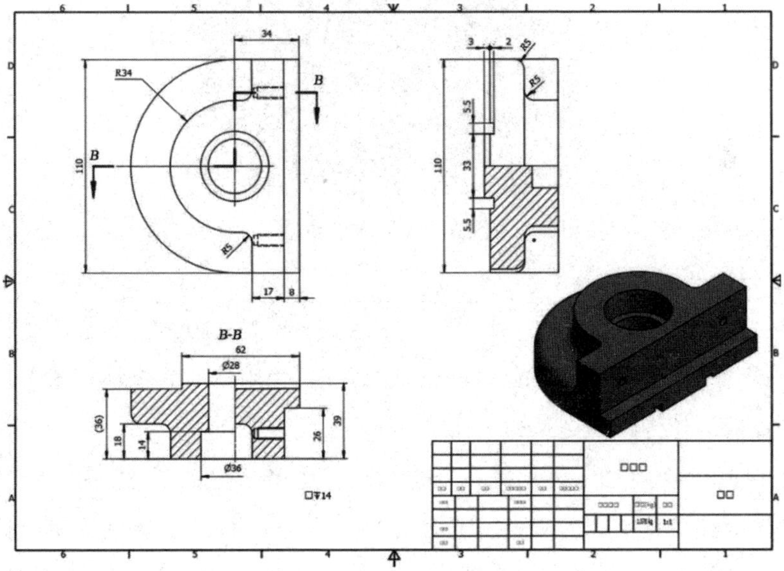

图 4-9 动掌零件图

【任务分析】

1.零件图分析：动掌为较复杂零件，需要将其划分为简单元素。

2.外部分析：

_____

_____

3.内部分析：

_____

_____

4.绘制草图并使用_____建模命令创建零件特征。

【任务目标】

使用软件绘制如图 4-10 所示的动掌三维图。

图 4-10　动掌三维图

【任务实施流程】

1.选择 XZ 绘图平面，使用圆命令绘制直径是 110 mm 的圆，使用直线命令绘制 34 mm、110 mm、34 mm 的直线，使用修剪命令整理图素。使用拉伸命令，拉伸距离是（39－18）mm。

2.选择绘图平面，使用圆命令绘制直径是 48 mm 的圆，使用直线命令绘制外轮廓线，使用修剪命令整理图素。使用拉伸命令，拉伸距离是 18 mm。

3.使用孔命令绘制大孔直径是 36 mm、深度是 14 mm，小孔直径是 28 mm、深度是 25 mm，总深度是 39 mm 的沉头孔。

4.选择零件的右表面，使用矩形命令绘制 110 mm×26 mm 的矩形，使用拉伸命令绘制长方体，拉伸距离是 8 mm，求差。

5.使用孔命令绘制 M6 的螺纹孔，螺纹深度是 12 mm，孔深是 14 mm，两个方向的定位尺寸分别是 13 mm 和 13 mm；使用矩形阵列命令绘制第二个螺纹孔，距离是（110－26）mm。

6.选择 XY 绘图平面，使用矩形命令，定位尺寸是 62 mm 和 36 mm，使用拉伸命令，贯通拉伸求差。

7.选择 XZ 绘图平面，使用直线命令绘制轮廓线，轮廓线的尺寸是 3 mm、2 mm、5.5 mm、33 mm，使用拉伸命令，贯通求差。

## 活动五 钳口板的设计

【任务要求】

根据图纸（如图 4-11 所示）建立钳口板的三维模型。

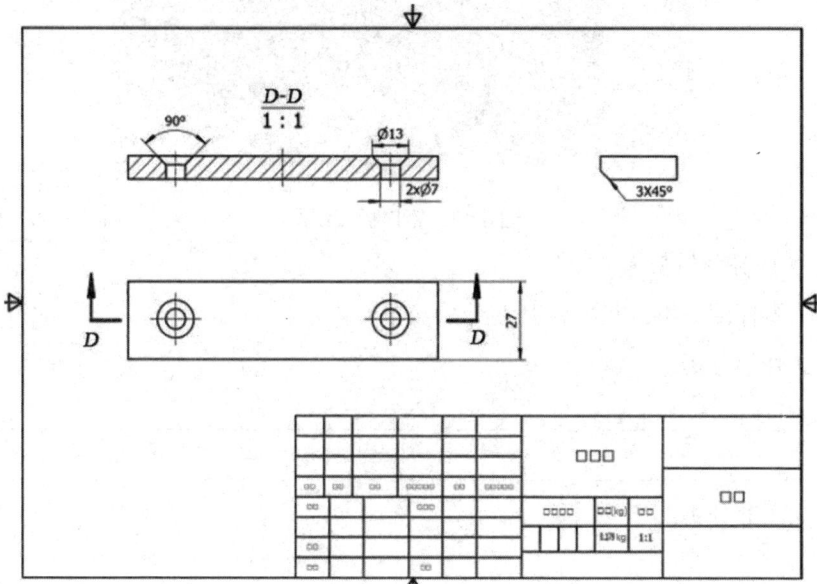

图 4-11　钳口板零件图

【任务目标】

使用软件绘制如图 4-12 所示的钳口板三维图。

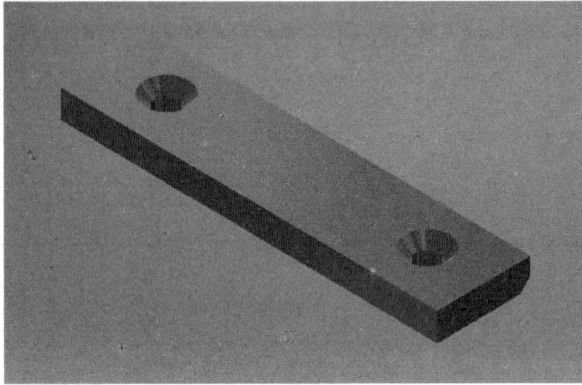

图 4-12　钳口板三维图

【任务分析】

1.零件图分析：需要将其划分为简单元素。

2.外部分析：

_____

_____

3.内部分析：

_____

_____

4.绘制草图并使用_____创建零件特征。

【任务实施流程】

　　1.选择 XZ 绘图平面，使用矩形命令绘制 110 mm×27 mm 的矩形，使用拉伸命令，拉伸距离是 8 mm。

　　2.使用孔命令绘制大孔直径是 13 mm、小孔直径是 7 mm 的倒角孔，使用矩形阵列命令绘制第二个倒角孔，阵列距离是（110－26）mm。

　　3.使用倒角命令绘制 3 mm×45°的倒角。

## 活动六　圆螺钉的设计

【任务要求】

根据图纸尺寸（如图 4-13 所示），建立圆螺钉的三维模型。

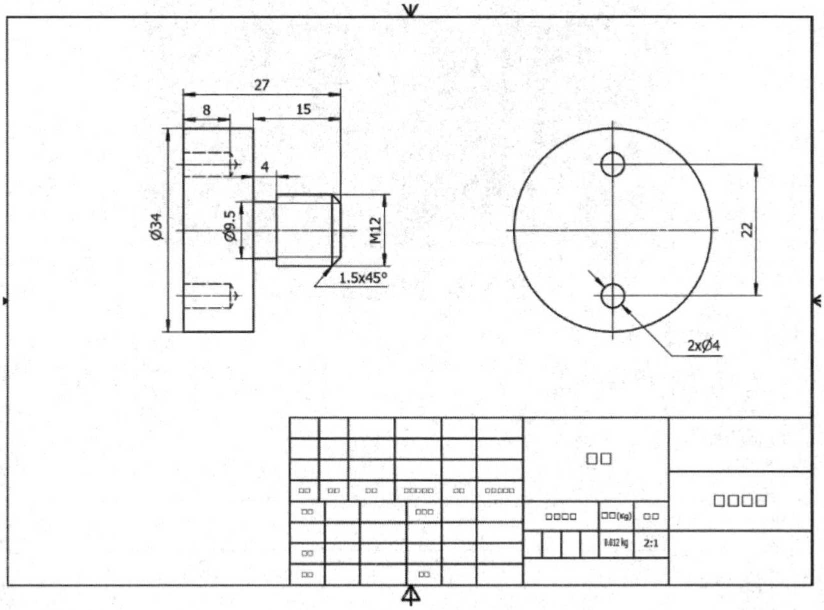

图 4-13　圆螺钉零件图

【任务目标】

使用软件绘制如图 4-14 所示的圆螺钉三维图。

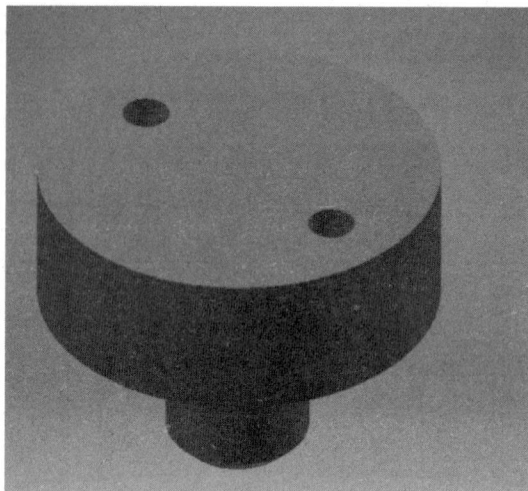

图 4-14　圆螺钉三维图

【任务分析】

1.对零件图形进行分析。

2.外部分析：

_____

_____

3.内部分析：

_____

_____

4.绘制草图并使用_____建模命令创建零件特征。

【任务实施流程】

1.选择 XY 平面，使用矩形命令分别绘制 34/2 mm×（27－15） mm、9.5/2 mm×4 mm、12/2 mm×（15－4）mm 的矩形，然后使用旋转命令绘制立体图。

2.使用螺纹命令绘制 M12 的外螺纹,使用倒角命令绘制 1.5 mm×45°的倒角。

3.使用圆命令绘制直径是 4 mm 的圆，定位尺寸是 22 mm，居中；然后使用孔命令绘制直径是 4 mm、深度是 8 mm 的孔。

【学生练习与评价】

1.软件操作成绩占总成绩的 80%，如表 4-2 所示。

表 4-2  软件操作评分表

| 零件图形 | 评分内容 | 评分细则 | 分值 | 得分 |
|---|---|---|---|---|
| | 创建底座 | 缺少一个特征扣 1 分 | 20分 | |
| | 创建滑块 | 缺少一个特征扣 1 分 | 20分 | |

| 零件图形 | 评分内容 | 评分细则 | 分值 | 得分 |
|---|---|---|---|---|
| | 创建丝杠 | 缺少一个特征扣1分 | 20分 | |
| | 创建动掌 | 缺少一个特征扣1分 | 20分 | |
| | 创建钳口板 | 缺少一个特征扣1分 | 10分 | |
| | 创建圆螺钉 | 缺少一个特征扣1分 | 10分 | |

2.职业素养成绩根据学习过程中对学生表现的评价确定,占总成绩的20%,如表4-3所示。

表 4-3 职业素养评分表

| 评分内容 | 评分明细 | 分值 | 得分 | |
|---|---|---|---|---|
| | | | 自评 | 互评 |
| 合作精神 | 能积极参加小组讨论，与他人良好合作 | 20分 | | |
| | 能与他人一起进行线上学习，查阅资料 | 20分 | | |
| | 能积极主动与他人解决疑难问题 | 20分 | | |
| | 能主动找出他人的操作不规范 | 20分 | | |
| 5S 职业素养 | 1.违反安全操作，扣4分；<br>2.不能规范操作计算机，扣4分；<br>3.未按现场规范文明、有序地完成任务，扣4分；<br>4.学生应合理应对教室各类问题，不尊重老师及同学，扣4分；<br>5.未保持工位整洁,扣4分 | 20分 | | |

# 任务二　机用虎钳的装配设计

【学习目标】

1.了解三维零件组合到一个装配设计中的各种约束方法和工作流程。

2.熟悉并掌握零部件的装载、约束、编辑、表达。

【学时】

2 学时。

【考核要点】

1.装配机用虎钳零件完整。

2.装配机用虎钳关系正确。

3.机用虎钳零件约束关系正确。

4.机用虎钳多对象文件保存为"*.iam"格式,以"jyhq-装配图"命名,保存到子文件夹"项目四-机用虎钳"内。

【任务分析】

部件装配是通过约束零件的自由度实现的。

【任务目标】

使用软件绘制如图 4-15 所示的机用虎钳三维装配图。

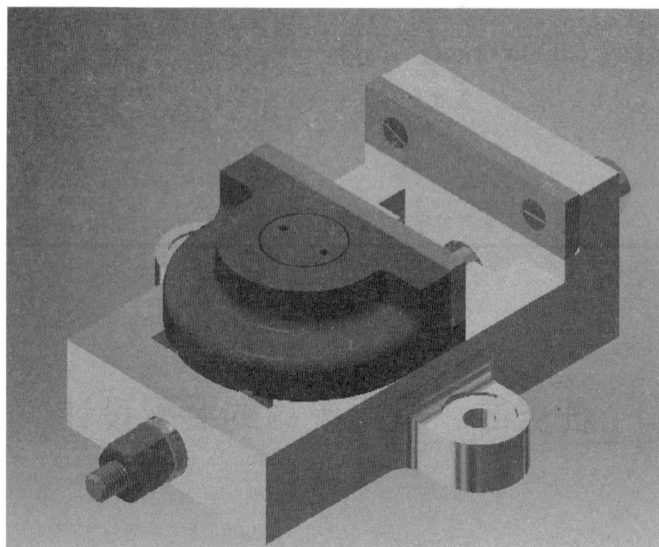

图 4-15　机用虎钳三维装配图

【任务实施流程】

1.改变零部件颜色。单击左键选择需要改变颜色的零部件，单击右键选择"iProperty"命令，选择对话框中的引用选项卡对零部件材料进行更改，要求如下：

底座为不锈钢抛光；丝杠为不锈钢拉丝；钳口为不锈钢铜抛光；动掌为不锈钢黄色；圆螺钉为不锈钢铜锻光；滑块为不锈钢；垫圈为钢合金，颜色为蓝色；螺母为钢合金，颜色为黄色。

2.进入部件环境。单击新建命令，在新建文件对话框中单击部件"Standard.iam"进行创建，如图4-16所示。

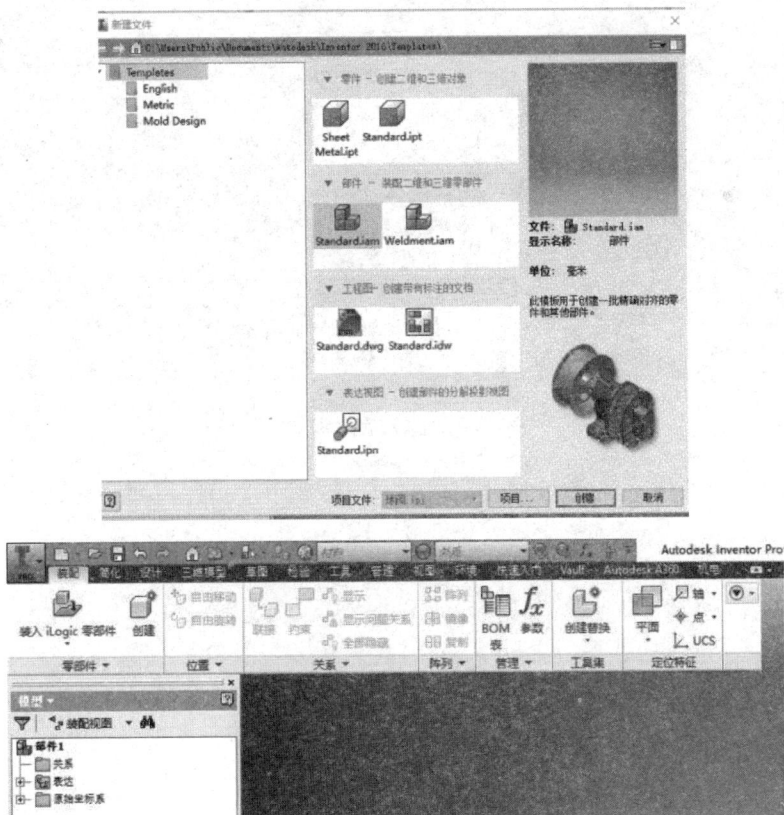

图4-16 进入部件环境

3.装入底座零部件。单击 装入 iLogic 零部件 中的放置命令,弹出项目文件对话框,选择底座文件,单击打开,对其进行固定约束,约束六个自由度,如图4-17所示。

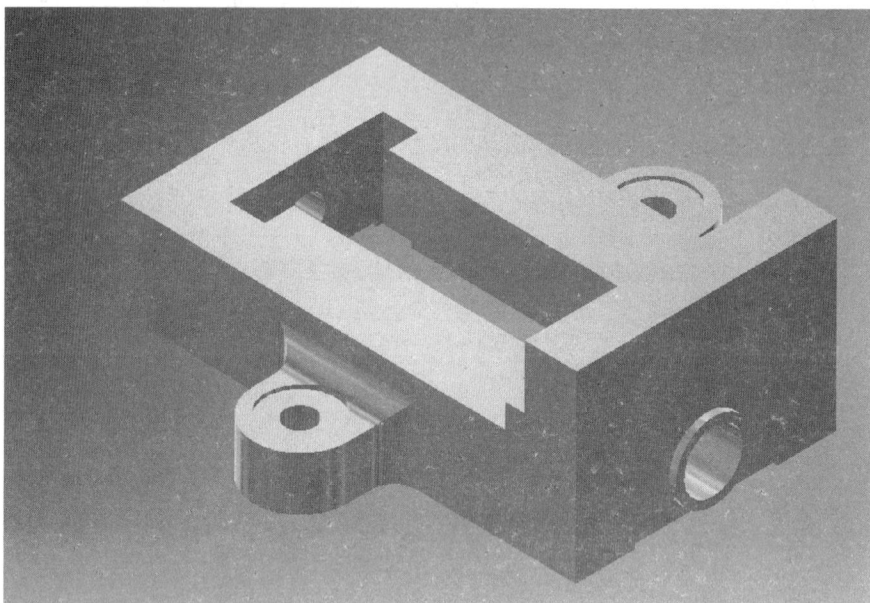

图 4-17    装入底座零部件

4.打开滑块文件,通过配合约束 约束 ,控制五个自由度对零件进行装配,如图4-18所示。

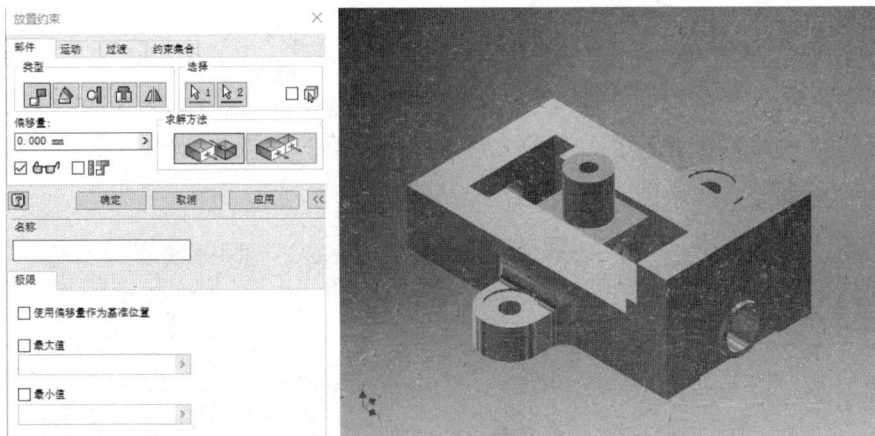

图 4-18　装配滑块

5.检验两个零件的孔心是否在同一条线上，如图 4-19 所示。若不在，则通过调整配合偏移量。

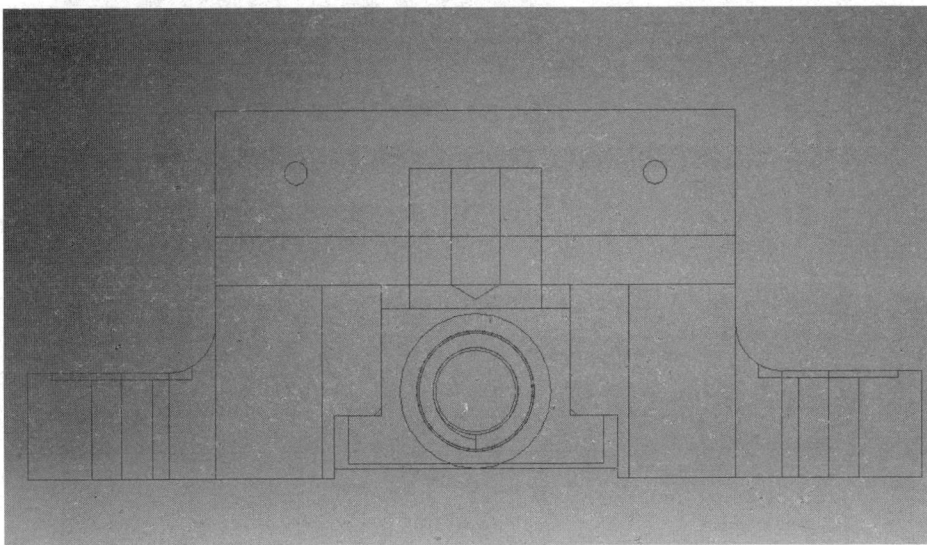

图 4-19　检验图

6.装入垫圈与丝杠零件进行约束。单击  中的放置命令，弹出项目文件对话，选择垫圈与丝杠文件，单击打开。单击插入约束，选择垫圈与底座端面，进行约束装配，从而控制垫圈的五个自由度，如图 4-20 所示。

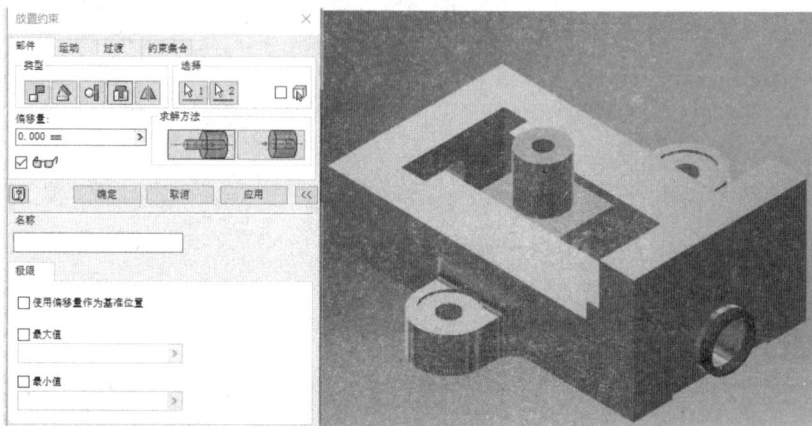

图 4-20　装配垫圈

单击插入约束，装配丝杠，控制五个自由度，如图 4-21 所示。

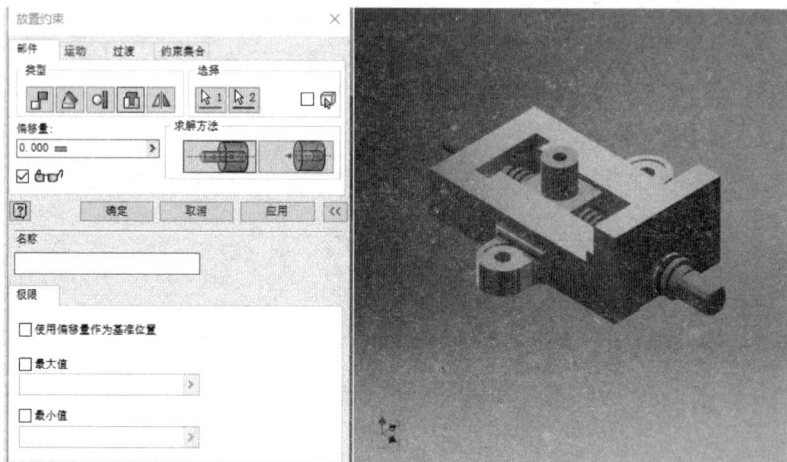

图 4-21　装配丝杠

7.单击插入约束，装配钳口与底座，控制六个自由度，如图 4-22 所示。

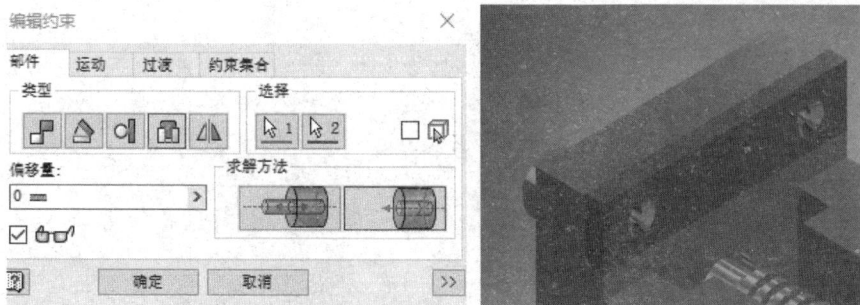

图 4-22　装配钳口与底座

8.单击插入约束，装配钳口与锥螺钉，控制五个自由度，如图 4-23 所示。

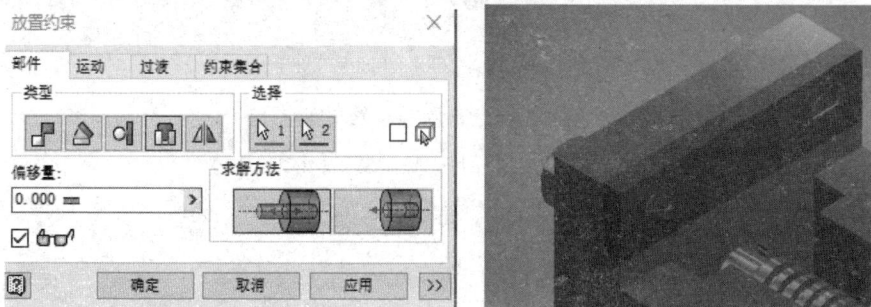

图 4-23　装配钳口与锥螺钉

9.装配动掌与底座。单击配合约束命令，控制两个自由度，如图 4-24 所示。

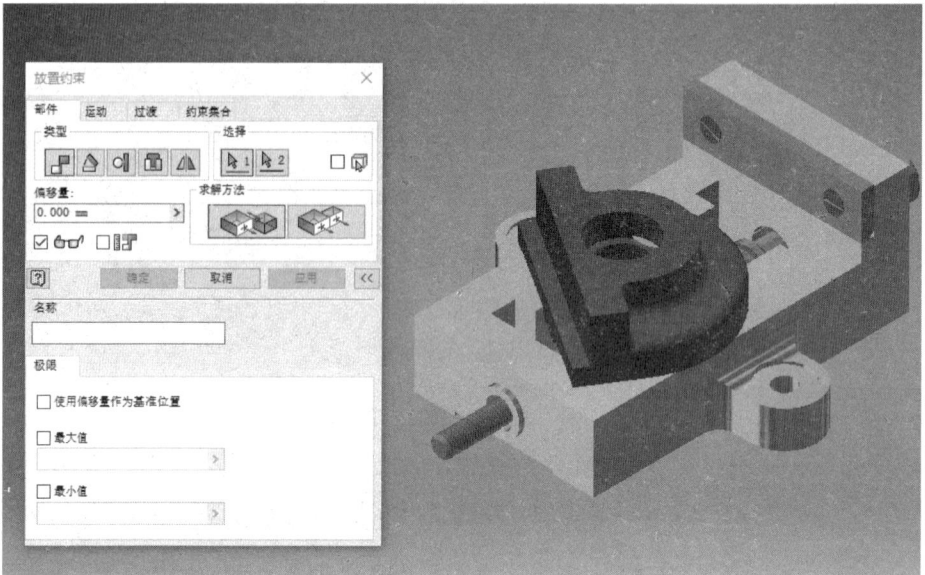

图 4-24　配合约束动掌与底座

单击相切约束命令，控制两个自由度，如图 4-25 所示。

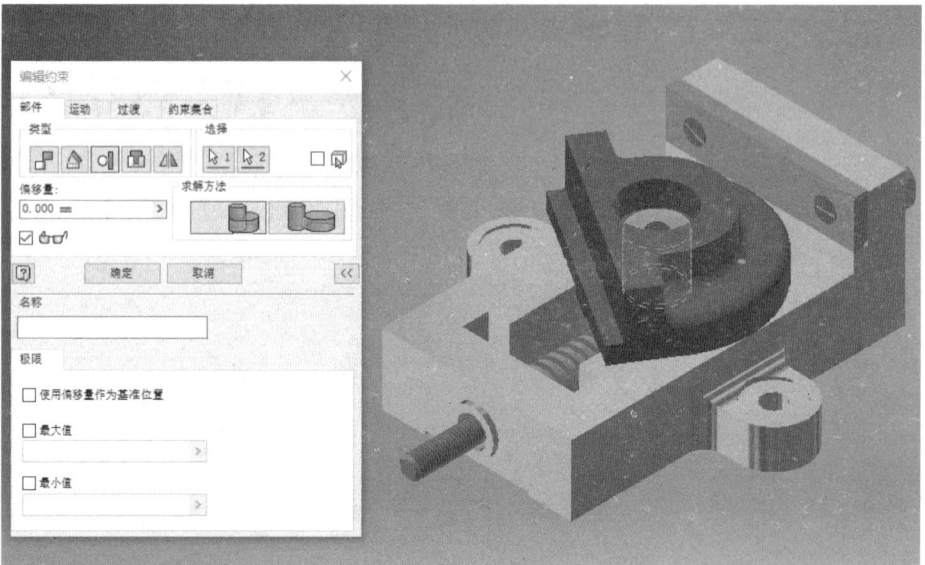

图 4-25　相切约束动掌与底座

单击角度约束命令，控制一个自由度，如图 4-26 所示。

图 4-26 角度约束动掌与底座

10.装配圆螺钉与滑块和动掌，单击插入约束命令，控制四个自由度，如图 4-27 所示。

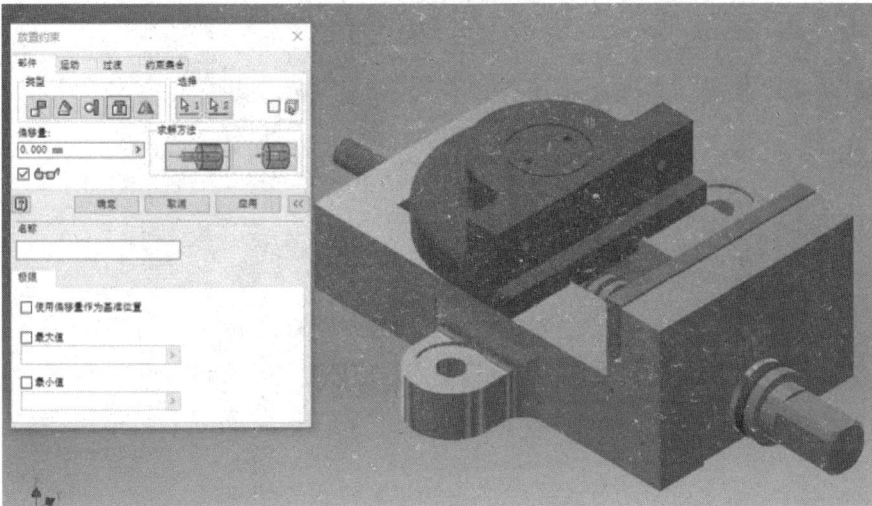

图 4-27 装配圆螺钉与滑块和动掌

11.装配钳口与动掌，控制六个自由度；装配锥螺钉与钳口，控制五个自由度。如图4-28所示。

**图4-28 分别装配钳口与动掌、锥螺钉与钳口**

12.重复使用插入约束命令，选择垫圈与底座端面，从而控制垫圈的五个自由度；选择螺母与垫圈端面，从而控制螺母的五个自由度。如图4-29所示。

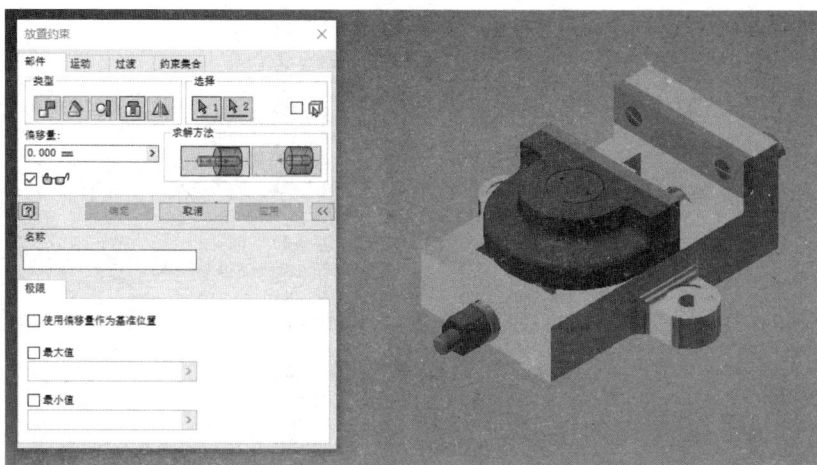

图 4-29　装入垫圈与螺母

在装配过程中，如果有问题，则可以在浏览器中选中要编辑的内容，单击右键就可以重新编辑了。

13.对丝杠与动掌、滑块、钳口板、螺钉进行运动约束。单击运动约束，类型为转动-平动，选择丝杠，再选择滑块，约束完之后，就可以实现转动丝杠带动动掌、滑块、钳口板、螺钉平动，如图 4-30 所示。

a　运动约束　　　　　　b　选择丝杠　　　　　　c　选择滑块

图 4-30　对丝杠与动掌、滑块、钳口板、螺钉进行运动约束

14.做部件剖视图。在很多过程中，零件内部结构很难观察清楚。在软件中，可以用剖切方式直观地观察零件的内部结构。剖视图的类型包括零件 1/4 剖视

图、半剖视图、零件 3/4 剖视图、全剖视图。

15.部件渲染。单击工具面板中的环境按钮选择 ，进入 Inventor Studio

渲染环境中，在工具面板（如图 4-31 所示）中对光源、场景与外观进行设置。

**图 4-31　渲染环境工具面板**

（1）光源样式设置，如图 4-32 所示。

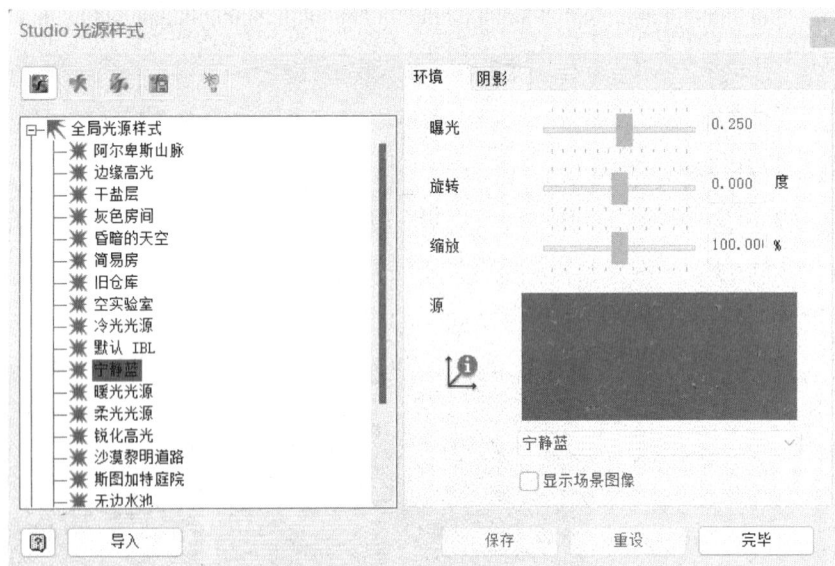

**图 4-32　光源样式设置**

（2）照相机设置，如图 4-33 所示。

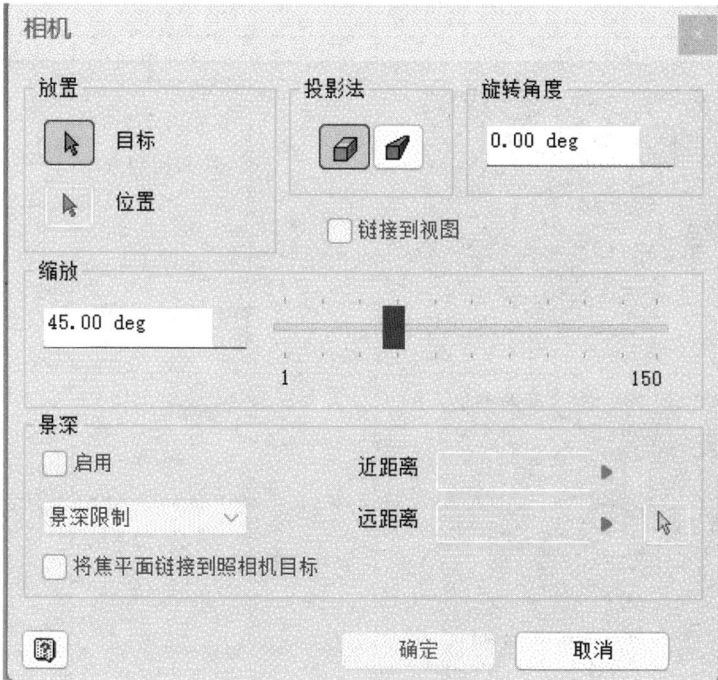

图 4-33 照相机设置

单击  ，创建渲染装配体。

【学生练习与评价】

1.软件操作成绩占总成绩的 80%，如表 4-4 所示。

表 4-4 软件操作评分表

| 零件图形 | 评分内容 | 评分细则 | 分值 | 得分 |
|---|---|---|---|---|
|  | 放置底座零件 | 进入部件环境，装入底座，进行固定约束 | 10 分 | |

| 零件图形 | 评分内容 | 评分细则 | 分值 | 得分 |
|---|---|---|---|---|
| | 配合约束 | 底座与滑块上下表面约束 | 5分 | |
| | | 底座与滑块左右表面约束 | 5分 | |
| | 插入约束 | 垫圈与底座约束 | 2.5分 | |
| | | 丝杠与垫圈约束 | 2.5分 | |
| | 插入约束 | 底座与钳口孔1约束 | 2.5分 | |
| | | 底座与钳口孔2约束 | 2.5分 | |
| | 插入约束 | 锥螺钉与钳口孔1约束 | 5分 | |
| | | 锥螺钉与钳口孔2约束 | 5分 | |

续表

| 零件图形 | 评分内容 | 评分细则 | 分值 | 得分 |
|---|---|---|---|---|
| | 配合约束 | 动掌与底座约束 | 3分 | |
| | 相切约束 | 动掌与滑块约束 | 3分 | |
| | 角度约束 | 动掌与钳口约束 | 4分 | |
| | 插入约束 | 圆螺钉与滑块约束 | 10分 | |
| | 插入约束 | 动掌与钳口孔1约束 | 5分 | |
| | | 动掌与钳口孔2约束 | 5分 | |
| | 插入约束 | 锥螺钉与钳口孔1约束 | 5分 | |
| | | 锥螺钉与钳口孔2约束 | 5分 | |

续表

| 零件图形 | 评分内容 | 评分细则 | 分值 | 得分 |
|---|---|---|---|---|
| | 插入约束 | 垫圈与底座约束 | 5分 | |
| | | 螺母与垫圈约束 | 5分 | |
| | 运动约束 | 丝杠与滑块约束 | 10分 | |

2.职业素养成绩根据学习过程中对学生表现的评价确定,占总成绩的20%,见表4-5。

表4-5 职业素养评分表

| 评分内容 | 评分明细 | 分值 | 得分 | |
|---|---|---|---|---|
| | | | 自评 | 互评 |
| 合作精神 | 能积极参加小组讨论,与他人良好合作 | 20分 | | |
| | 能与他人一起进行线上学习,查阅资料 | 20分 | | |
| | 能积极主动与他人解决疑难问题 | 20分 | | |
| | 能主动找出他人的操作不规范 | 20分 | | |

续表

| 评分内容 | 评分明细 | 分值 | 得分 | |
|---|---|---|---|---|
| | | | 自评 | 互评 |
| 5S 职业素养 | 1.违反安全操作,扣4分; 2.不能规范操作计算机, 扣4分; 3.未按现场规范文明、有 序地完成任务,扣4分; 4.学生应合理应对教室各 类问题,不尊重老师及同 学,扣4分; 5.未保持工位整洁,扣4分 | 20分 | | |

# 任务三　机用虎钳零件工程图设计

【学习目标】

1.熟悉创建零件基本视图、剖视图的操作方法。

2.熟悉零件图与装配图的标注方法。

【学时】

8 学时。

【考核要点】

1.图幅选择、视图选择、视图配置及表达方案合理。

2.所绘制视图的要素完整、准确。

3.尺寸标注齐全、正确、清晰。

4.根据任务要求,查阅机械设计手册或软件自带工具,在各零件的相应位置上正确标注尺寸公差、几何公差、表面粗糙度等精度要求。

5.其余技术要求内容应基本符合零件工作要求，无明显错误。

6.标题栏按任务要求给定的内容正确填写。

7.文件保存为"DWG"格式，并以"零件代号＋零件名称"的方式命名（例：jyhq-01底座），保存到子文件夹"项目四-机用虎钳"内。

【任务要求】

将设计好的零件图转化成二维图，检验与已给尺寸的准确度。

【任务目标一】

完成如图4-34所示的底座的工程图设计。

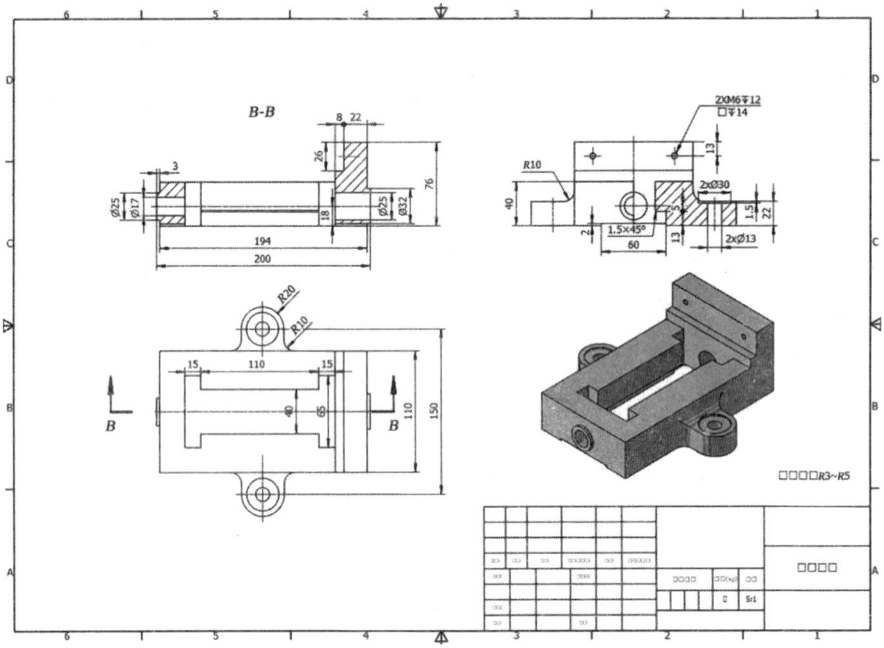

图4-34　底座二维零件图

【任务实施流程一】

1.选择工程图模板，使用基础视图命令调入底座的俯视图，使用剖视图命令绘制主视图，使用投影视图命令和局部剖视图命令绘制左视图。

2.使用尺寸、中心标记、中心线、指引线文本对底座进行标注。

3.使用文本命令编写技术要求。

【任务目标二】

完成如图4-35所示的滑块的工程图设计。

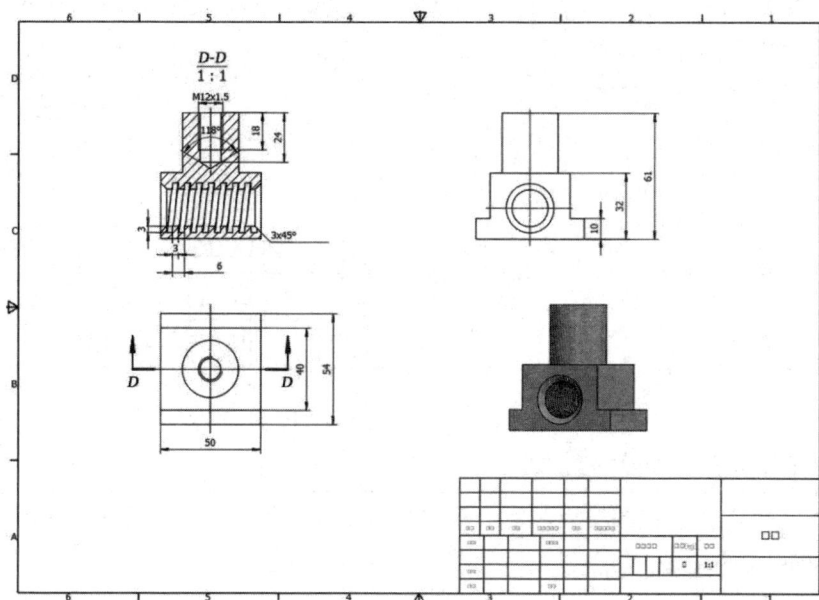

图4-35　滑块二维零件图

【任务实施流程二】

1.选择工程图模板，使用基础视图命令调入滑块的俯视图，使用剖视图命令绘制主视图，使用投影视图命令绘制左视图。

2.使用尺寸、中心标记、中心线、指引线文本对滑块进行标注。

3.使用文本命令编写技术要求。

【任务目标三】

完成如图 4-36 所示的丝杠的工程图设计。

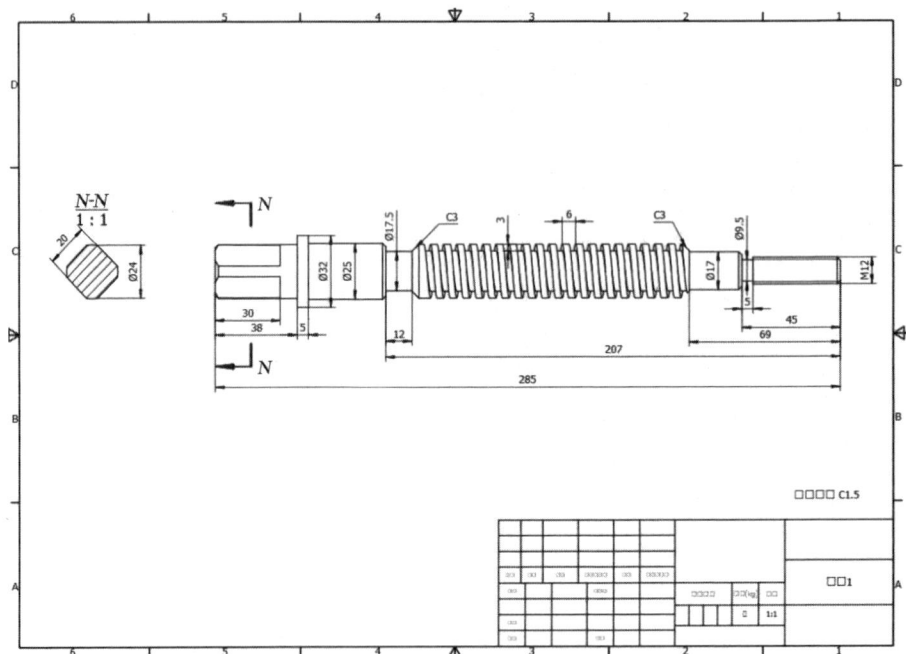

图 4-36    丝杠二维零件图

【任务实施流程三】

1.选择工程图模板，使用基础视图命令调入丝杠的主视图，使用剖视图命令绘制 *N-N* 视图。

2.使用尺寸、中心标记、中心线、指引线文本对丝杠进行标注。

3.使用文本命令编写技术要求。

【任务目标四】

完成如图 4-37 所示的动掌的工程图设计。

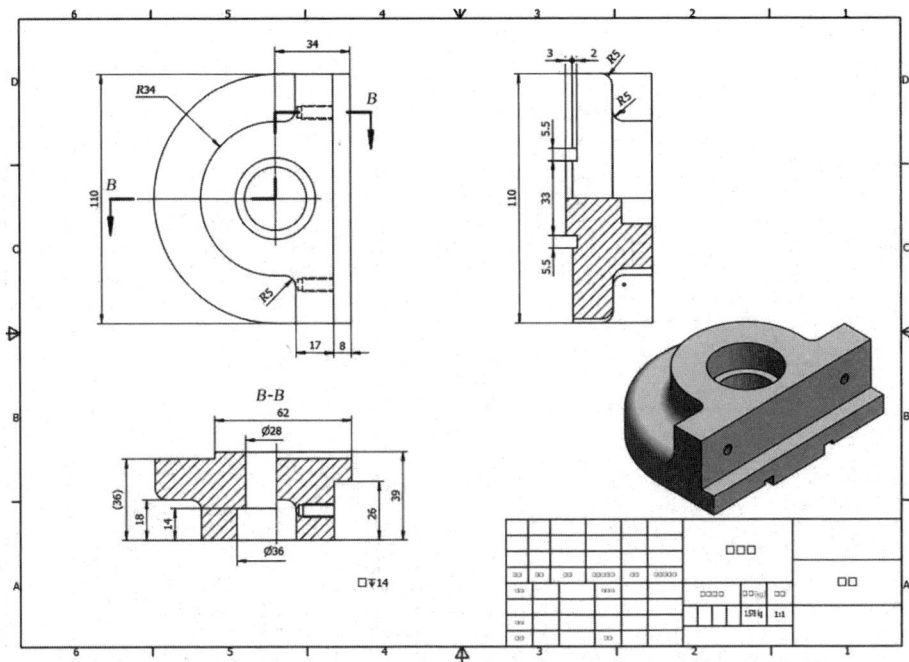

图 4-37　动掌二维零件图

【任务实施流程四】

1.选择工程图模板，使用基础视图命令调入动掌的主视图，使用剖视图命令绘制俯视图，使用投影视图命令和局部剖视图绘制左视图。

2.使用尺寸、中心标记、中心线、指引线文本对动掌进行标注。

3.使用文本命令编写技术要求。

【任务目标五】

完成如图 4-38 所示的钳口板的工程图设计。

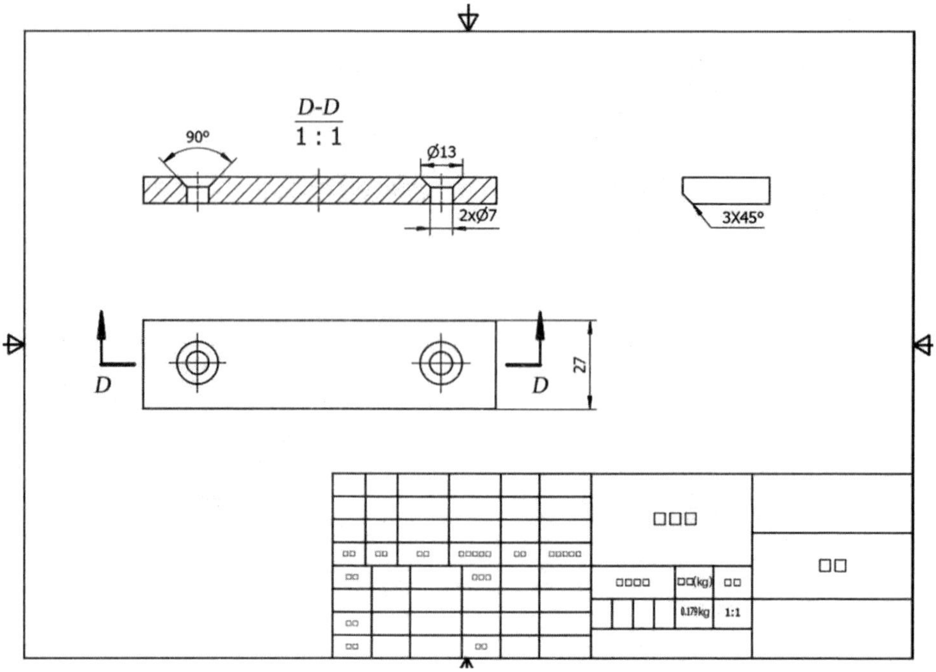

图 4-38　钳口板二维零件图

【任务实施流程五】

1.选择工程图模板，使用基础视图命令调入钳口板的俯视图，使用剖视图命令绘制主视图，使用投影视图命令绘制左视图。

2.使用尺寸、中心标记、中心线、指引线文本对钳口板进行标注。

3.使用文本命令编写技术要求。

【任务目标六】

完成如图 4-39 所示的圆螺钉的工程图设计。

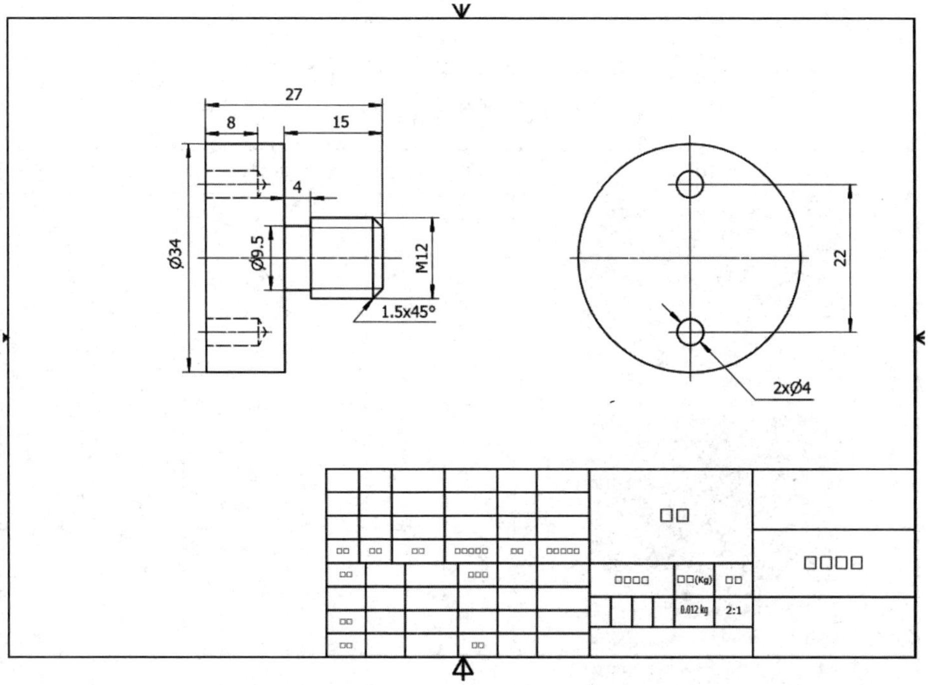

**图 4-39　圆螺钉二维零件图**

【任务实施流程六】

　　1.选择工程图模板，使用基础视图命令调入圆螺钉的主视图，使用投影视图命令绘制左视图。

　　2.使用尺寸、中心标记、中心线、指引线文本对圆螺钉进行标注。

　　3.使用文本命令编写技术要求。

【学生练习与评价】

1.软件操作成绩占总成绩的 80%，如表 4-6 所示。

表 4-6  软件操作评分表

| 零件图形 | 评分内容 | 评分细则 | 分值 | 得分 |
|---|---|---|---|---|
|  | 创建底座 | 缺少一个特征<br>扣 1 分 | 20 分 | |
|  | 创建滑块 | 缺少一个特征<br>扣 1 分 | 20 分 | |
| 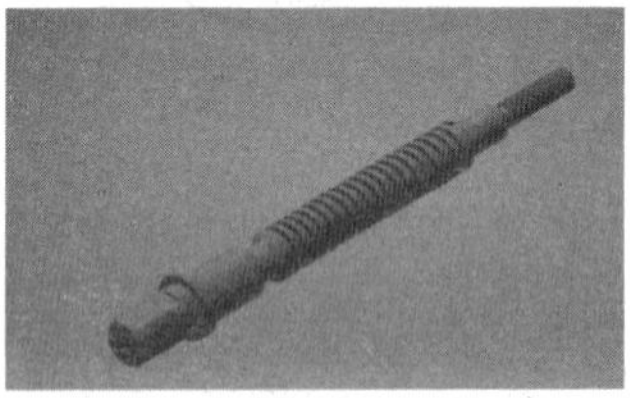 | 创建丝杠 | 缺少一个特征<br>扣 1 分 | 20 分 | |
|  | 创建动掌 | 缺少一个特征<br>扣 1 分 | 20 分 | |

| 零件图形 | 评分内容 | 评分细则 | 分值 | 得分 |
|---|---|---|---|---|
| | 创建钳口板 | 缺少一个特征扣1分 | 10分 | |
| | 创建圆螺钉 | 缺少一个特征扣1分 | 10分 | |

2.职业素养成绩根据学习过程中对学生表现的评价确定,占总成绩的20%, 如表 4-7 所示。

表 4-7 职业素养评分表

| 评分内容 | 评分明细 | 分值 | 得分 | |
|---|---|---|---|---|
| | | | 自评 | 互评 |
| 合作精神 | 能积极参加小组讨论,与他人良好合作 | 20分 | | |
| | 能与他人一起进行线上学习,查阅资料 | 20分 | | |
| | 能积极主动与他人解决疑难问题 | 20分 | | |
| | 能主动找出他人操作不规范的地方 | 20分 | | |

续表

| 评分内容 | 评分明细 | 分值 | 得分 | |
|---|---|---|---|---|
| | | | 自评 | 互评 |
| 5S 职业素养 | 1.违反安全操作，扣 4 分；<br>2.不能规范操作计算机，扣 4 分；<br>3.未按现场规范文明、有序地完成任务，扣 4 分；<br>4.学生应合理应对教室各类问题，不尊重老师及同学，扣 4 分；<br>5.未保持工位整洁，扣 4 分 | 20 分 | | |

# 任务四 机用虎钳的装配视图表达

【学习目标】

1.了解调整零件的操作过程。

2.熟悉零件位置的调整过程。

3.熟悉制作动画的过程与零件装配的顺序。

4.创建爆炸图明细栏。

【学时】

2 学时。

【考核要点】

生成总装配体的爆炸视图。要根据装配方向决定不同零件的移动方向和位置，并标注零件编号。文件保存为"*.ipn"格式，以"jyhq-爆炸图"命名，保存到子文件夹"项目四-机用虎钳"内。

【任务目标】

使用软件绘制如图 4-40 所示的机用虎钳三维视图表达图。

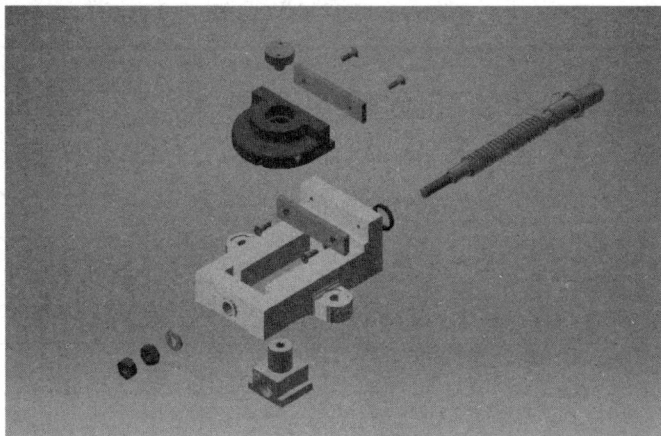

图 4-40　机用虎钳三维视图表达图

【任务实施流程】

　　1.新建文件表达视图 Standard.ipn，创建机用虎钳的分解装配图，进入表达视图界面。

　　2.单击创建视图按钮，打开选择部件对话框，在对话框中选择创建机用虎钳文件。

　　3.使用调整零部件位置命令，按照装拆顺序，调整标准件、动掌、钳口板、螺钉、螺母、垫圈、丝杠、滑块的位置。

　　4.使用视频命令完成机用虎钳的拆装动画。

【学生练习与评价】

1.软件操作成绩占总成绩的 80%，如表 4-8 所示。

表 4-8　软件操作评分表

| 零件图形 | 评分内容 | 评分细则 | 分值 | 得分 |
|---|---|---|---|---|
| 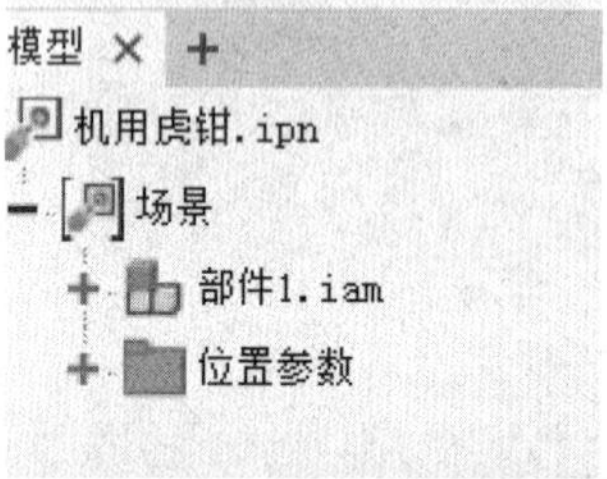 模型 × +<br>机用虎钳.ipn<br>− 场景<br>+ 部件1.iam<br>+ 位置参数 | 创建表达视图界面 | 进入界面5分 | 5分 | |
|  | 创建视图 | 调入一个机用虎钳的装配视图10分 | 10分 | |
| 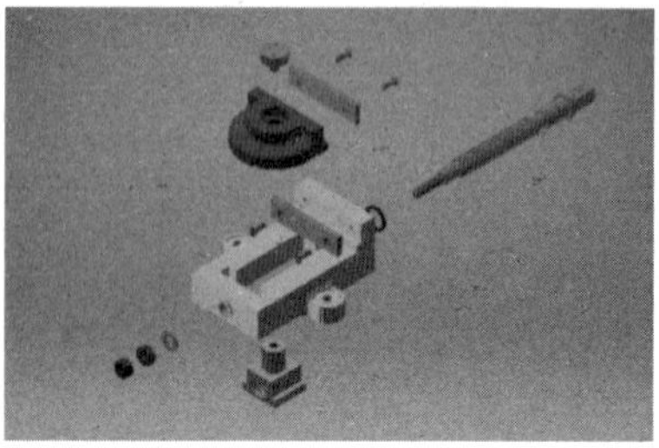 | 调整零件位置 | 一个位置3分 | 45分 | |
| | 动画制作 | 完成一个动画视频10分 | 10分 | |
| 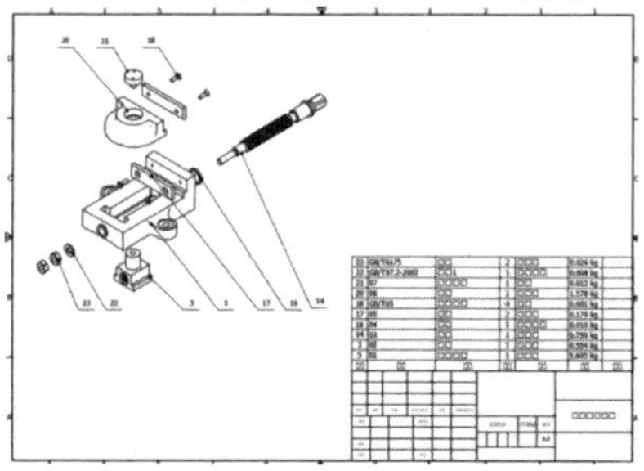 | 创建工程图 | 一个零件序号3分 | 30分 | |

2.职业素养成绩根据学习过程中对学生表现的评价确定,占总成绩的20%,如表4-9所示。

表4-9　职业素养评分表

| 评分内容 | 评分明细 | 分值 | 得分 | |
|---|---|---|---|---|
| | | | 自评 | 互评 |
| 合作精神 | 能积极参加小组讨论,与他人良好合作 | 20分 | | |
| | 能与他人一起进行线上学习,查阅资料 | 20分 | | |
| | 能积极主动与他人解决疑难问题 | 20分 | | |
| | 能主动找出他人的操作不规范 | 20分 | | |
| 5S 职业素养 | 1.违反安全操作,扣4分;<br>2.不能规范操作计算机,扣4分;<br>3.未按现场规范文明、有序地完成任务,扣4分;<br>4.学生应合理应对教室各类问题,不尊重老师及同学,扣4分;<br>5.未保持工位整洁,扣4分 | 20分 | | |

# 项目五　千斤顶的设计

【学习目标】

1.掌握千斤顶零件草图与三维图的设计方法。

2.掌握千斤顶部件装配的设计方法。

3.掌握千斤顶视图的表达方法。

4.掌握千斤顶零件工程图的设计方法。

【学时】

14 学时。

【考核要点】

1.使用绘制草图命令绘制千斤顶零件的方法。

2.使用三维造型命令绘制千斤顶零件的方法。

3.掌握千斤顶工程图的设置方法。

4.使用部件环境中的命令编辑部件的方法。

5.掌握千斤顶表达视图的基本方法。

【项目描述】

## 一、千斤顶的基本知识

千斤顶是指将刚性顶举件作为工作装置，通过顶部托座或底部托爪在小行程内顶开重物的轻小起重设备。千斤顶主要用于厂矿、交通运输等部门进行车辆修理及其他起重、支撑等工作，其结构轻巧、坚固耐用、灵活可靠，一人即可携带和操作。

## 二、本项目的进度安排

| | |
|---|---|
| 任务一　千斤顶零件草图与三维图设计 | 6 学时 |
| 任务二　千斤顶部件装配设计 | 2 学时 |
| 任务三　千斤顶零件工程图设计 | 4 学时 |
| 任务四　千斤顶视图表达 | 2 学时 |

## 三、本项目的小组成员安排

| 分工 | 姓名 | 任务 | 完成情况 | 组内评分 |
|---|---|---|---|---|
| 组长 | | | | |
| 成员 | | | | |
| 成员 | | | | |
| 成员 | | | | |
| 成员 | | | | |
| 成员 | | | | |
| 成员 | | | | |

## 四、千斤顶工作原理

千斤顶分为液压千斤顶、螺旋千斤顶等，原理各有不同。从原理上来说，液压传动最基本的原理就是帕斯卡定律，也就是说，液体各处的压强是一致的。这样，在平衡的系统中，比较小的活塞上面施加的压力比较小，而大的活塞上施加的压力也比较大，这样能够保持液体的静止。所以通过液体的传递，不同端上可以得到不同的压力，就可以达到变换的目的。人们所常见到的液压千斤顶就是利用了这个原理来达到力的传递。螺旋千斤顶以往复扳动手柄，拔爪即推动棘轮间隙回转，小伞齿轮带动大伞齿轮，使举重螺杆旋转，从而使升降套筒获得起升或下降，而达到起重拉力的功能，但不如液压千斤顶简易。

## 五、千斤顶装配图与零件明细表

现有千斤顶装配图（如图 5-1 所示）和零件明细表（如表 5-1 所示），该项目文件名称为"项目五-千斤顶"，要求学生按照给定零件图的图纸创建表 5-1 中零件的三维图（见任务一的要求），按照图 5-1 的要求完成装配图的创建（见任务二的要求）。

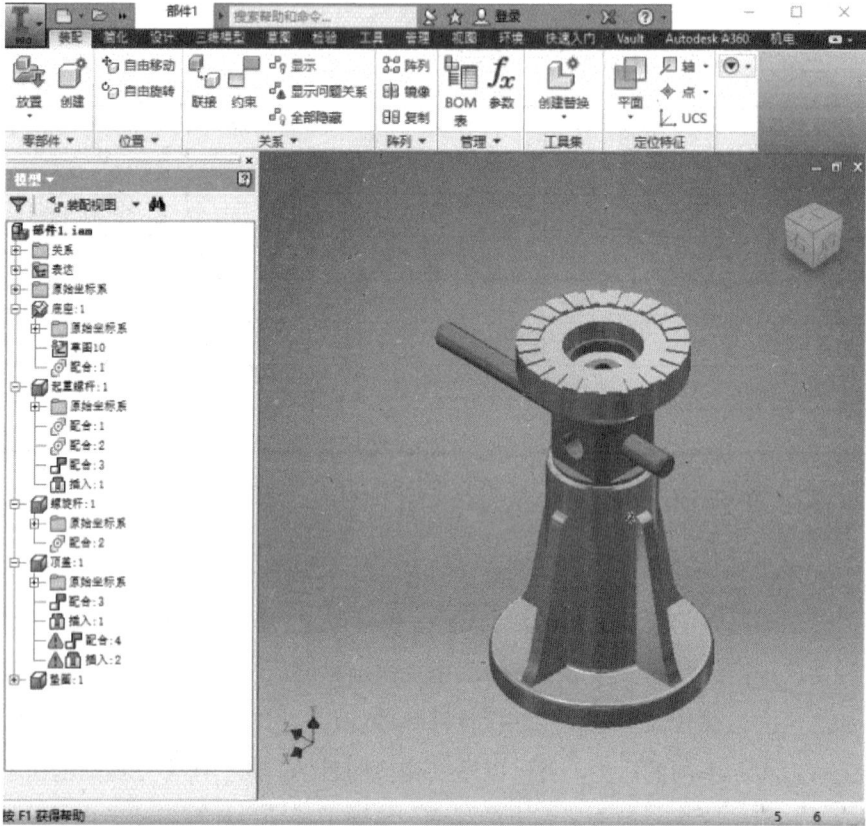

图 5-1　千斤顶装配图

表 5-1 零件明细表

| 序号 | 代号或备注 | 名称 | 数量 | 材料 |
|---|---|---|---|---|
| 01 | qjd-01 | 底座 | 1 | 不锈钢 |
| 02 | qjd-02 | 起重螺杆 | 1 | 不锈钢 |
| 03 | qjd-03 | 螺旋杆 | 1 | 不锈钢 |
| 04 | qjd-04 | 顶盖 | 1 | 不锈钢 |
| 05 | qjd-05 | 垫圈 | 1 | 不锈钢 |

## 六、内容结构与任务目标

本项目的内容结构与任务目标如图 5-2 所示。

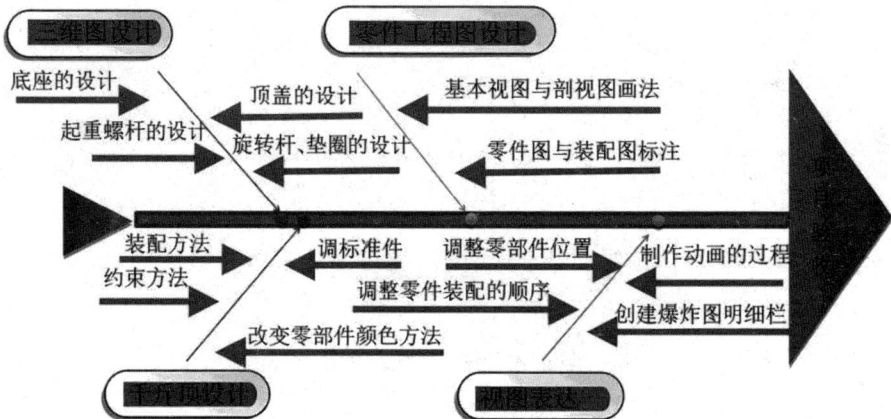

图 5-2 内容结构与任务目标

# 任务一　千斤顶零件草图
# 与三维图设计

【学习目标】

1.了解创建千斤顶零件三维模型的过程。

2.理解草图命令、矩形命令、尺寸约束命令、矩形阵列命令、圆弧命令与圆命令的创建过程。

3.理解拉伸命令、螺纹命令、旋转命令、倒角命令、圆角命令、孔命令和创建工作平面命令的创建过程。

【学时】

6 学时。

【考核要点】

建立零件的几何模型,对于图纸上或模型上缺失的技术信息,如标准件(国家标准或国际标准均可采用)、螺纹或某些尺寸,根据国家标准自行设计。根据已给定的零件图,按要求对千斤顶的各零件进行三维建模。

各零件的三维建模要求如下:

(1)各零件的三维模型建模过程清楚、特征完整。

(2)各零件的三维模型尺寸正确。

(3)各零件的三维建模文件以单对象文件保存为"*.ipt"格式,以"代号＋名称"的方式命名(如:"qjd-01 底座"),并保存到子文件夹"项目五-千斤顶"内。

## 活动一　底座的设计

【任务要求】

以底座为例，根据图纸（如图 5-3 所示），建立底座三维模型。

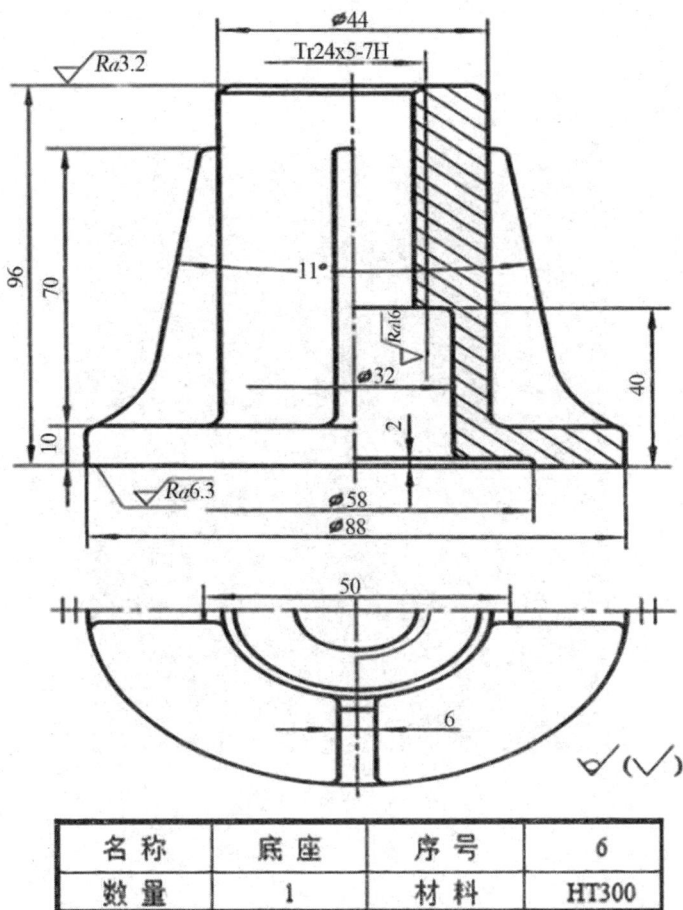

图 5-3　底座零件图

【任务分析】

1.零件图分析：底座为较复杂零件，需要将其划分为简单元素。

2.外部分析：底座下面为直径 88 mm 的圆柱，底座上面为直径 44 mm 的圆柱，外面为 4 个肋板。

3.内部分析：中间的孔分为三部分，从上至下为 Tr24×5-7H 的螺纹孔、直径 32 mm 的圆柱孔和直径 58 mm 的圆柱孔。

4.绘制草图并使用拉伸、旋转、螺纹、倒角、圆角和建模命令创建零件特征。

【任务目标】

使用软件绘制如图 5-4 所示的底座三维图。

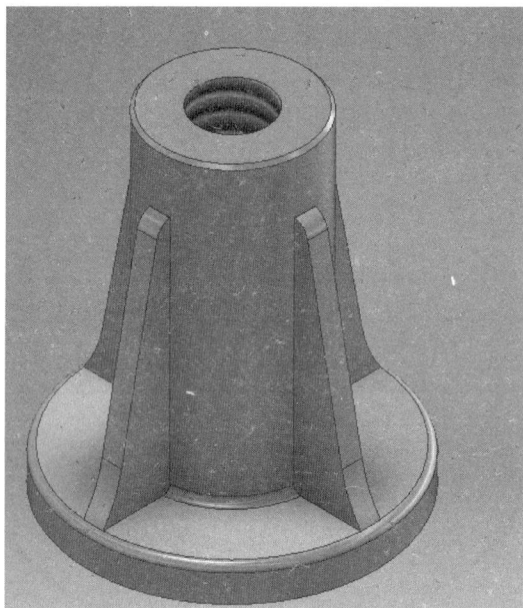

图 5-4　底座三维图

【任务实施流程】

1.选择 XY 绘图平面，使用直线命令绘制长度分别为 44 mm、10 mm、22 mm、86 mm、22 mm、96 mm 的 6 条直线，使用旋转命令绘制两个圆柱。

2.选择 XY 绘图平面，使用直线和圆弧命令绘制肋板草图，定位尺寸是 70 mm、11°、50 mm。使用拉伸命令，拉伸距离为 6 mm，使用环形阵列命令绘制 4 个肋板。

3.使用孔命令，绘制大孔直径是 58 mm，深度是 2 mm，小孔直径是 32 mm，深度是 38 mm，总深 40 mm 的沉头孔。

4.使用孔命令绘制 Tr24×5-7H 的螺纹孔。

5.使用圆角和倒角命令整理图素。

## 活动二　起重螺杆的设计

【任务要求】

根据图纸（如图 5-5 所示），建立起重螺杆的三维模型。

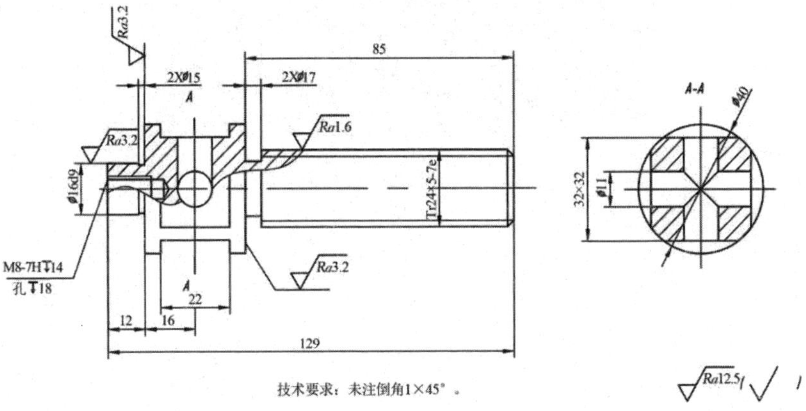

图 5-5　起重螺杆零件图

【任务分析】

1.零件图分析：起重螺杆为较复杂零件，需要将其划分为简单元素。

2.外部分析：

_____

_____

3.内部分析：

_____

_____

_____

4.绘制草图并使用_____建模命令创建零件特征。

【任务目标】

使用软件绘制如图 5-6 所示的起重螺杆三维图。

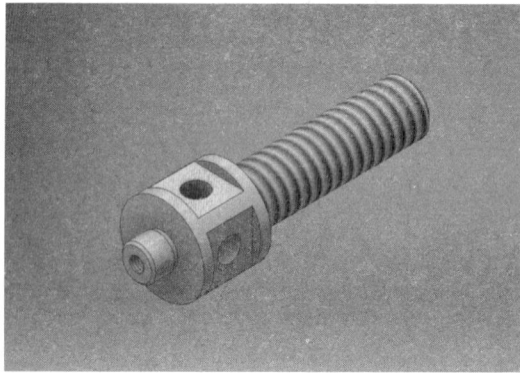

图 5-6　起重螺杆三维图

**【任务实施流程】**

1.选择 YZ 绘图平面，绘制直径是 16 mm 的圆，拉伸距离是 10 mm；绘制直径是 15 mm 的圆，拉伸距离是 2 mm；绘制直径是 40 mm 的圆，拉伸距离是 32 mm；绘制直径是 17 mm 的圆，拉伸距离是 5 mm；绘制直径是 24 mm 的圆，拉伸距离是 80 mm。

2.使用孔命令绘制 M8（孔深 18 mm，螺纹深 14 mm）的孔。

3.创建绘图平面，绘制直径是 40 mm 的圆，然后用直线和修剪命令绘制 32 mm×32 mm 的矩形，拉伸求差，拉伸距离是 22 mm。使用孔命令绘制直径是 11 mm 的简单孔，定位尺寸是 11 mm 和 16 mm。

4.使用螺纹命令绘制 Tr24×5-7e 的外螺纹。然后使用倒角命令绘制边长是 2 mm 和 1 mm 的倒角。

# 活动三　螺旋杆的设计

**【任务要求】**

根据图纸（如图 5-7 所示），建立螺旋杆三维模型。

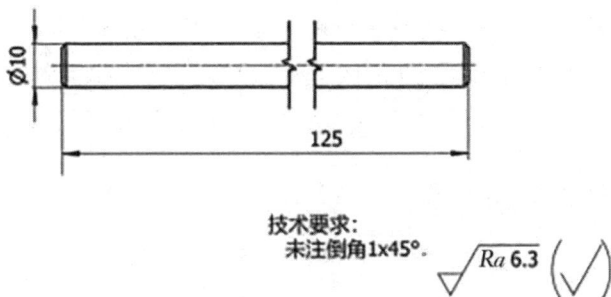

技术要求：
未注倒角1x45°。

**图 5-7　螺旋杆零件图**

【任务目标】

使用软件绘制如图 5-8 所示的螺旋杆三维图。

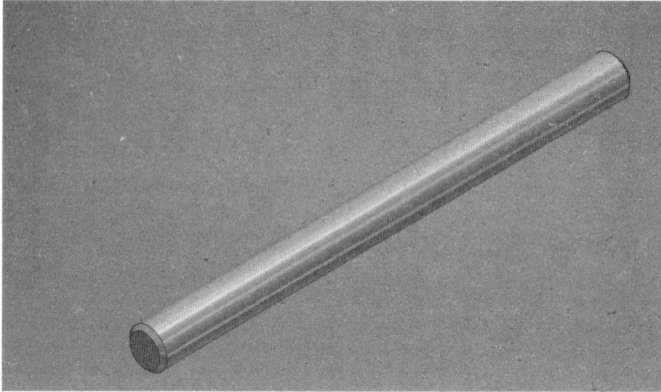

图 5-8　螺旋杆三维图

【任务分析】

1.对零件图形进行分析。

2.外部分析：

_____

_____

3.绘制草图并使用_____建模命令创建零件特征。

【任务实施流程】

　　选择前面（XY 平面）作为绘图平面，使用直线命令绘制 125 mm×5 mm 的矩形，使用旋转命令和倒角命令（1×45°）创建三维图。

# 活动四　顶盖的设计

【任务要求】

根据图纸（如图 5-9 所示），建立顶盖的三维模型。

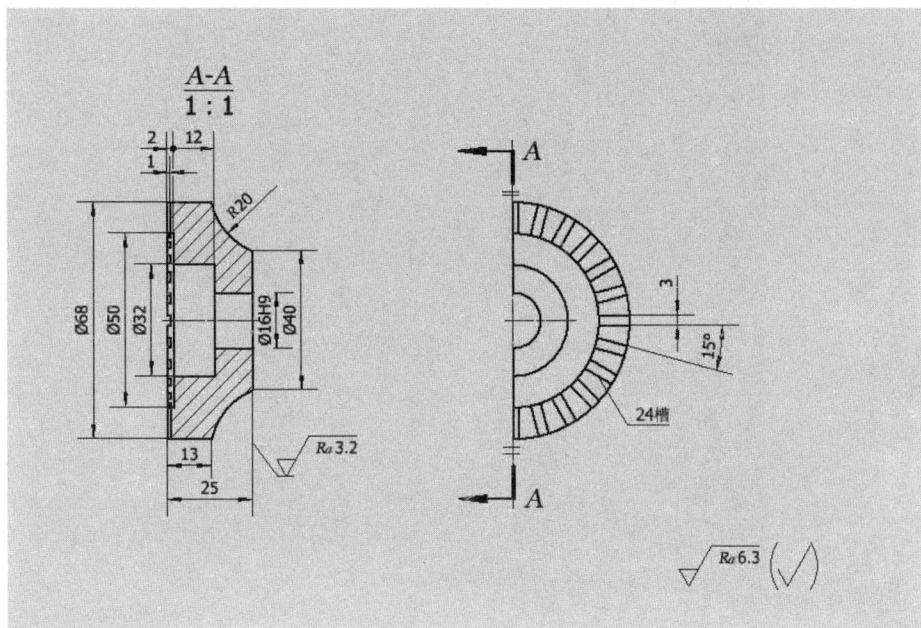

图 5-9  顶盖零件图

【任务分析】

1.对零件图形进行分析，需要将其划分为简单元素。

2.外部分析：

_____

_____

3.内部分析：

_____

_____

_____

4.绘制草图并使用_____建模命令创建零件特征。

【任务目标】

使用软件绘制如图 5-10 所示的顶盖三维图。

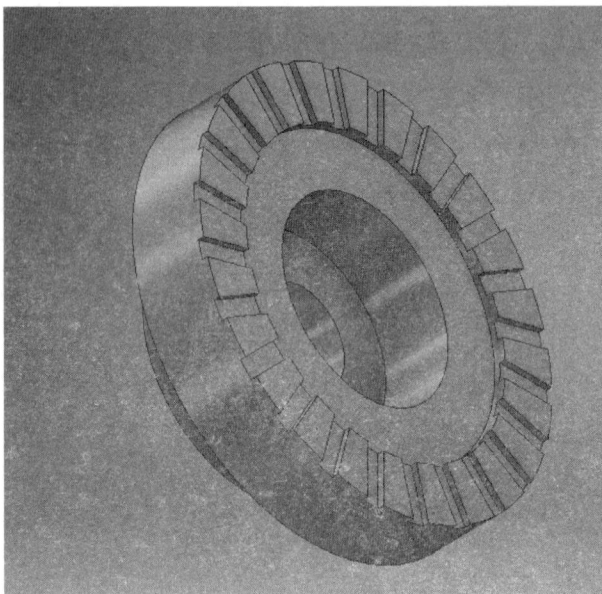

图 5-10  顶盖三维图

【任务实施流程】

1.选择前面（XY 平面）作为绘图平面，使用直线、圆弧与旋转命令绘制顶盖的外形。

2.使用孔命令绘制直径是 50 mm、深度是 2 mm 的简单孔；然后使用孔命令绘制大孔直径是 32 mm、深度是 12 mm，小孔直径是 16 mm、深度是 11 mm，总深度是 23 mm 的沉头孔。

3.选择顶盖上表面作为绘图平面，绘制一个 9 mm×3 mm 的矩形，使用拉伸命令绘制一个深度是 1 mm 的槽，使用环形阵列命令绘制 24 个槽。

# 活动五 垫圈的设计

【任务要求】

根据图纸（如图 5-11 所示），建立垫圈的三维模型。

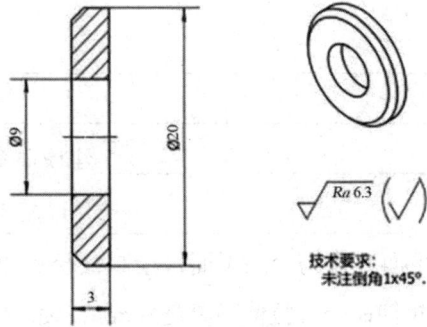

图 5-11　垫圈零件图

【任务目标】

使用软件绘制如图 5-12 所示的垫圈三维图。

图 5-12　垫圈三维图

【任务分析】

1.对零件图形进行分析，需要将其划分为简单元素。

2.外部分析：

3.内部分析:

_____

_____

4.绘制草图并使用_____建模命令创建零件特征。

【任务实施流程】

> 选择左面（YZ 平面）作为绘图平面，绘制直径是 20 mm 的圆和直径是 9 mm 的圆；使用拉伸命令，拉伸距离是 3 mm；使用倒角命令绘制边长是 1×45°的倒角。

【学生练习与评价】

1.软件操作成绩占总成绩的 80%，如表 5-2 所示。

表 5-2　软件操作评分表

| 评分内容 | 评分细则 | 分值 | 得分 |
|---|---|---|---|
| 创建草图 | 在坐标系上创建草图 | 10 分 | |
| | 在已有特征上创建草图 | 10 分 | |
| 底座 | 缺少一个特征扣 5 分 | 25 分 | |
| 起重螺杆 | 缺少一个特征扣 5 分 | 20 分 | |
| 螺旋杆 | 缺少一个特征扣 5 分 | 10 分 | |
| 顶盖 | 缺少一个特征扣 5 分 | 15 分 | |
| 垫圈 | 缺少一个特征扣 5 分 | 10 分 | |

2.职业素养成绩根据学习过程中对学生表现的评价确定,占总成绩的 20%,如表 5-3 所示。

表 5-3　职业素养评分表

| 评分内容 | 评分明细 | 分值 | 得分 | |
|---|---|---|---|---|
| | | | 自评 | 互评 |
| 合作精神 | 能积极参加小组讨论，与他人良好合作 | 20 分 | | |
| | 能与他人一起进行线上学习，查阅资料 | 20 分 | | |
| | 能积极主动与他人解决疑难问题 | 20 分 | | |
| | 能主动找出他人的操作不规范 | 20 分 | | |
| 5S 职业素养 | 1.违反安全操作，扣 4 分；<br>2.不能规范操作计算机，扣 4 分；<br>3.未按现场规范文明、有序地完成任务，扣 4 分；<br>4.学生应合理应对教室各类问题，不尊重老师及同学，扣 4 分；<br>5.未保持工位整洁，扣 4 分 | 20 分 | | |

# 任务二　千斤顶部件装配设计

【学习目标】

1.了解三维零件组合到一个装配设计中的各种约束方法和工作流程。

2.熟悉掌握零件的装载、约束、编辑、表达，以及调标准件与常用件的方法。

【学时】

2 学时。

【考核要点】

1.装配千斤顶零件完整。

2.装配千斤顶关系正确。

3.千斤顶零件约束关系正确。

4.千斤顶多对象文件保存为"*.iam"格式,以"qjd-装配图"命名,保存到子文件夹"项目五-千斤顶"内。

【任务分析】

部件装配是通过约束零件的自由度实现的。

【任务目标】

使用软件绘制如图 5-13 所示的千斤顶三维装配图。

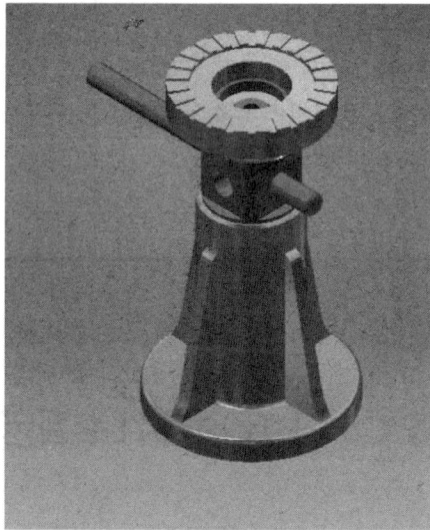

图 5-13　千斤顶三维装配图

**【任务实施流程】**

1.对底座使用固定约束，使用插入约束命令装配起重螺杆和底座（注意：需要选择配合表面上的圆）。

2.使用插入约束命令装配顶盖、起重螺杆和垫圈，从资源中心调入 M8×16 的螺钉。

3.使用插入约束命令装配螺钉和螺旋杆。

**【学生练习与评价】**

1.软件操作成绩占总成绩的 80%，如表 5-3 所示。

表 5-3　软件操作评分表

| 评分内容 | 评分细则 | 分值 | 得分 |
|---|---|---|---|
| 新建零件与放置命令 | 进入零部件环境与装入底座零部件 | 20 分 | |
| 插入约束与配合约束 | 起重螺杆与底座约束 | 20 分 | |
| 插入约束 | 起重螺杆与顶盖约束 | 10 分 | |
| 插入与配合约束 | 起重螺杆与螺旋杆约束 | 20 分 | |
| 配合约束 | 起重螺杆与垫圈、顶盖约束 | 20 分 | |
| Inventor Studio 命令 | 部件渲染 | 10 分 | |

2.职业素养成绩根据学习过程中对学生表现的评价确定，占总成绩的 20%，如表 5-4 所示。

表 5-4　职业素养评分表

| 评分内容 | 评分明细 | 分值 | 得分 | |
|---|---|---|---|---|
| | | | 自评 | 互评 |
| 合作精神 | 能积极参加小组讨论，与他人良好合作 | 20 分 | | |
| | 能与他人一起进行线上学习，查阅资料 | 20 分 | | |
| | 能积极主动与他人解决疑难问题 | 20 分 | | |

| 评分内容 | 评分明细 | 分值 | 得分 | |
|---|---|---|---|---|
| | | | 自评 | 互评 |
| 合作精神 | 能主动找出他人的操作不规范 | 20 分 | | |
| 5S 职业素养 | 1.违反安全操作,扣 4 分;<br>2.不能规范操作计算机,扣 4 分;<br>3.未按现场规范文明、有序地完成任务,扣 4 分;<br>4.学生应合理应对教室各类问题,不尊重老师及同学,扣 4 分;<br>5.未保持工位整洁,扣 4 分 | 20 分 | | |

# 任务三　千斤顶零件工程图设计

【学习目标】

1.熟悉创建零件的基本视图、剖视图操作方法。

2.熟悉零件图与装配图的标注方法。

【学时】

4 学时。

【考核要点】

1.图幅选择、视图选择、视图配置及表达方案合理。

2.所绘制视图的要素完整、准确。

3.尺寸标注齐全、正确、清晰。

4.根据任务要求，查阅机械设计手册或软件自带工具，在各零件的相应位置上正确标注尺寸公差、几何公差、表面粗糙度等精度要求。

5.其余技术要求内容应基本符合零件工作要求，无明显错误。

6.标题栏按任务要求给定的内容正确填写。

7.文件保存为"DWG"格式，并以"代号＋名称"的方式命名文件（如：qjd-02 起重螺杆），保存到子文件夹"项目五-千斤顶"内。

【任务要求一】

完成底座的工程图设计，将设计好的零件图转化成二维图，检验与已给尺寸的准确度。

【任务目标一】

使用软件绘制如图 5-14 所示的千斤顶底座工程图。

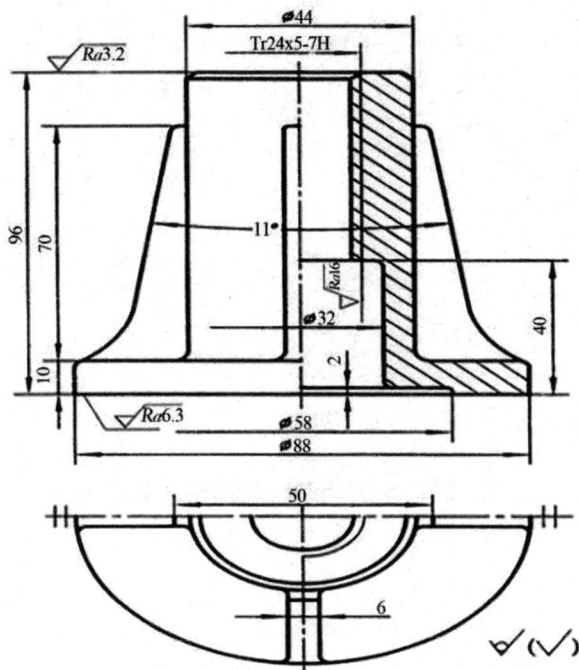

图 5-14  千斤顶底座工程图

【任务实施流程一】

1.选择工程图模板，使用基础视图命令调入底座的主视图，使用投影视图命令和局部剖视图命令绘制俯视图，使用局部剖视图命令绘制主视图。

2.使用尺寸、中心标记、中心线、指引线文本对底座进行标注。

3.使用文本命令编写技术要求。

【任务要求二】

完成起重螺杆的工程图设计，将设计好的零件图转化成二维图，检验与已给尺寸的准确度。

【任务目标二】

使用软件绘制如图 5-15 所示的千斤顶起重螺杆工程图。

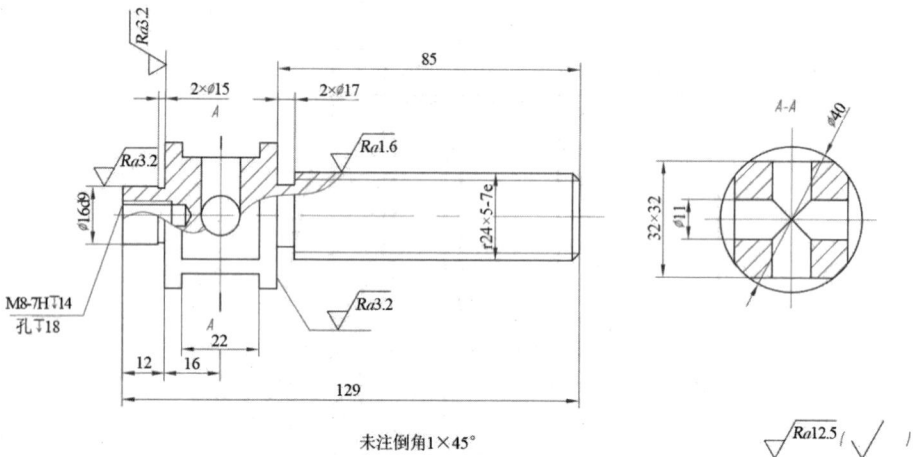

图 5-15　千斤顶起重螺杆工程图

【任务实施流程二】

1.选择工程图模板，使用基础视图命令调入起重螺杆的主视图，使用剖视图命令绘制 *A-A* 视图，使用局部剖视图命令绘制主视图。

2.使用尺寸、中心标记、中心线、指引线文本对起重螺杆进行标注。

3.使用文本命令编写技术要求。

【任务要求三】

完成顶盖的工程图设计，将设计好的零件图转化成二维图，检验与已给尺寸的准确度。

【任务目标三】

使用软件绘制如图 5-16 所示的千斤顶顶盖工程图。

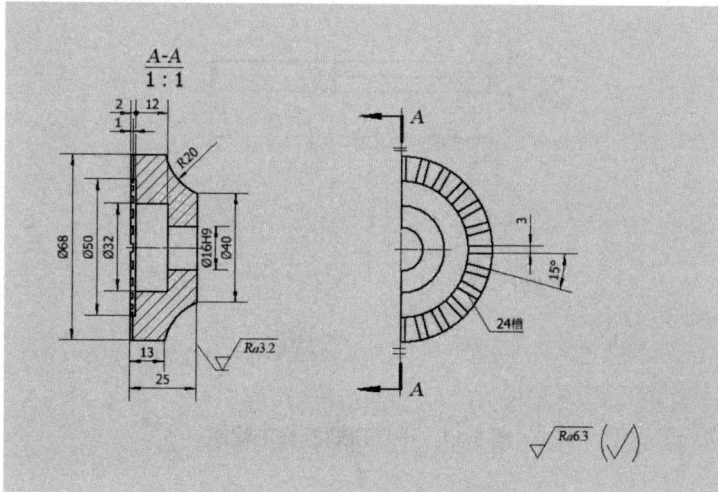

图 5-16  千斤顶顶盖工程图

【任务实施流程三】

> 1.选择工程图模板，使用基础视图命令调入顶盖的左视图，使用剖视图命令绘制主视图，使用局部剖视图命令绘制左视图。
>
> 2.使用尺寸、中心标记、中心线、指引线文本对顶盖进行标注。
>
> 3.使用文本命令编写技术要求。

【任务要求四】

完成螺旋杆的工程图设计，将设计好的零件图转化成二维图，检验与已给尺寸的准确度。

【任务目标四】

使用软件绘制如图 5-17 所示的千斤顶螺旋杆工程图。

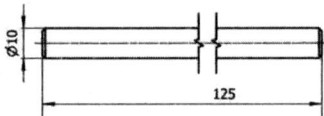

技术要求：
未注倒角1x45°.

图 5-17　千斤顶螺旋杆工程图

【任务实施流程四】

1.选择工程图模板，使用基础视图命令调入螺旋杆的主视图，再使用断裂画法命令绘制主视图。

2.使用尺寸、中心标记、中心线对螺旋杆进行标注。

3.使用文本命令编写技术要求。

# 任务四　千斤顶视图表达

【学习目标】

1.了解调整零件的操作过程。

2.熟悉零件位置的调整过程。

3.熟悉制作动画的过程与零件装配的顺序。

4.创建爆炸图明细栏。

【学时】

2 学时。

【考核要点】

生成总装配体的爆炸视图。根据装配方向决定不同零件的移动方向和位置，并标注零件编号。文件保存为"*.ipn"格式，以"qjd-爆炸图"命名，保存到子文件夹"项目五-千斤顶"内。

【任务目标】

使用软件绘制如图 5-18 所示的千斤顶三维视图表达图。

图 5-18　千斤顶三维视图表达图

【任务实施流程】

1.新建文件表达视图 Standard.ipn，创建千斤顶的分解装配图，进入表达视图界面。

2.单击创建视图按钮，打开选择部件对话框，在对话框中选择创建千斤顶文件。

3.使用调整零部件位置命令，按照装拆顺序，调整标准件、垫圈、顶盖、旋转杆、起重螺杆的位置。

4.使用视频命令完成千斤顶的拆装动画。

5.使用创建工程视图命令调入爆炸图，使用明细栏命令创建零件明细栏，使用引出序号命令将零件编号。

# 项目六　齿轮油泵的设计

【学习目标】

1.掌握齿轮油泵零件草图与三维图的设计方法。

2.掌握齿轮油泵部件装配的设计方法。

3.掌握齿轮油泵视图的表达方法。

4.掌握齿轮油泵零件工程图的设计方法。

【学时】

22 学时。

【考核要点】

1.使用绘制草图命令绘制齿轮油泵零件的方法。

2.使用三维造型命令绘制齿轮油泵零件的方法。

3.掌握齿轮油泵工程图的设置方法。

4.使用部件环境中的命令编辑部件的方法。

5.掌握齿轮油泵表达视图的基本方法。

【项目描述】

## 一、齿轮油泵的基本知识

齿轮油泵被广泛应用于石油、化工、船舶、电力、粮油、食品、医疗、建材、冶金及国防科研等领域。齿轮油泵适用于输送不含固体颗粒和纤维、无腐蚀性、温度不高于 150 ℃、黏度为 5～1 500 cst（1 cst＝1 mm²/s）的润滑油或性质类似于润滑油的其他液体，适用于各类高寒地区室外安装和工艺过程中要求保温的场合。

## 二、本项目的进度安排

| | | | |
|---|---|---|---|
| 任务一 | 齿轮油泵零件草图与三维图设计 | 12 学时 |
| 任务二 | 齿轮油泵部件装配设计 | 4 学时 |
| 任务三 | 齿轮油泵零件工程图设计 | 4 学时 |
| 任务四 | 齿轮油泵视图表达 | 2 学时 |

## 三、本项目的小组成员安排

| 分工 | 姓名 | 任务 | 完成情况 | 组内评分 |
|---|---|---|---|---|
| 组长 | | | | |
| 成员 | | | | |
| 成员 | | | | |
| 成员 | | | | |
| 成员 | | | | |
| 成员 | | | | |
| 成员 | | | | |

## 四、齿轮油泵的工作原理

齿轮油泵是通过两个齿轮互啮转动来工作的，对介质要求不高，一般介质压力在 6 MPa 以下，流量较大。齿轮油泵在泵体中装有一对回转齿轮，一个是主动齿轮，一个是被动齿轮，依靠两个齿轮的相互啮合，把泵内的整个工作腔分成两个独立的部分：吸入腔（A）和排出腔（B）。齿轮油泵在运转时，主动齿轮带动被动齿轮旋转，当齿轮从啮合到脱开时在吸入腔（A）就形成局部真空，液体被吸入。吸入的液体充满齿轮的各个齿谷而被带到排出腔（B），齿轮啮合时液体被挤出，形成高压液体并经泵排出口排出泵外。

## 五、齿轮油泵三维装配图与零件明细表

现有齿轮油泵三维装配图（如图 6-1 所示）与零件明细表（如表 6-1 所示），该项目文件名称为"项目六–齿轮油泵"，要求学生按照给定零件图的图纸创建表 6-1 中零件的三维图（见任务一的要求），按照图 6-1 的要求完成装配图的创建（见任务二的要求）。

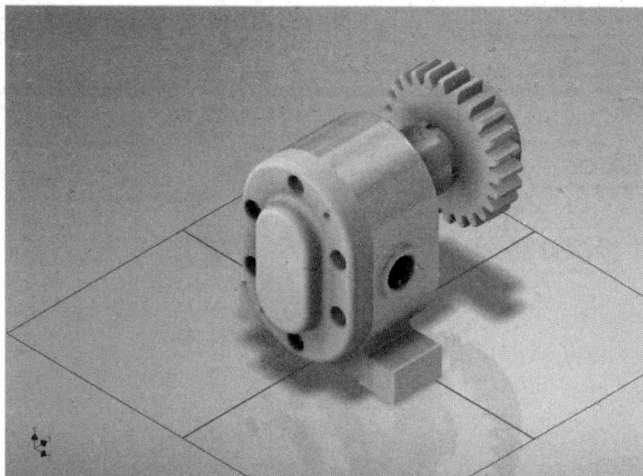

图 6-1 齿轮油泵三维装配图

表 6-1 零件明细表

| 序号 | 代号或备注 | 名称 | 数量 | 材料 |
|------|-----------|------|------|------|
| 01 | clyb-01 | 泵体 | 1 | 不锈钢 |
| 02 | clyb-02 | 齿轮轴 | 1 | 不锈钢 |
| 03 | clyb-03 | 传动齿轮轴 | 1 | 不锈钢 |
| 04 | clyb-04 | 左端盖 | 1 | 不锈钢 |
| 05 | clyb-05 | 右端盖 | 1 | 不锈钢 |
| 06 | clyb-06 | 压紧螺母 | 1 | 不锈钢 |
| 07 | clyb-07 | 传动齿轮 | 1 | 不锈钢 |

## 六、内容结构与任务目标

本项目的内容结构与任务目标如图 6-2 所示。

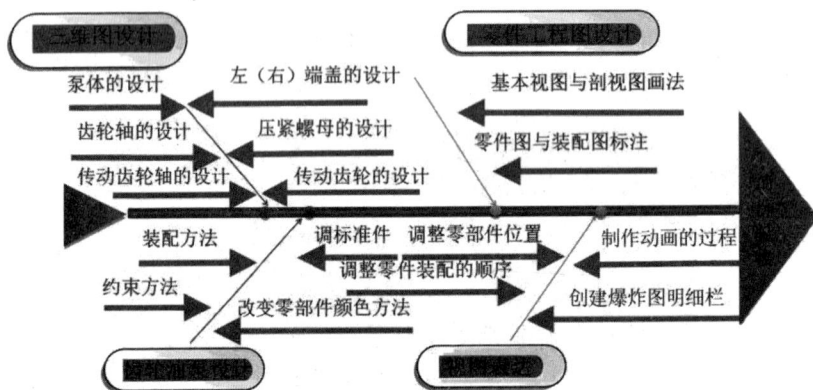

图 6-2　内容结构与任务目标

# 任务一　齿轮油泵零件草图
# 与三维图设计

【学习目标】

1.了解创建凸轮偏心机构零件的过程。

2.理解草图命令、矩形命令、尺寸约束命令、矩形阵列命令、圆弧命令与圆命令的创建过程。

3.理解拉伸命令、螺纹命令、旋转命令、倒角命令、圆角命令、孔命令和创建工作平面命令的创建过程。

【学时】

12 学时。

【考核要点】

建立零件的几何模型,对于图纸上或模型上缺失的技术信息,如标准件(国家标准或国际标准均可采用)、螺纹或某些尺寸,根据国家标准自行设计。根据已给定的零件图,按要求对齿轮油泵的零件进行三维建模。

各零件的三维建模要求如下:

(1)各零件的三维模型建模过程清楚、特征完整。

(2)各零件的三维模型尺寸正确。

(3)各零件的三维建模文件以单对象文件保存为"*.ipt"格式,以"代号+名称"的方式命名(如:"clyb-01 泵体"),并保存到子文件夹"项目六-齿轮油泵"内。

# 活动一 泵体的设计

【任务要求】

根据图纸(如图 6-3 所示),建立泵体三维模型。

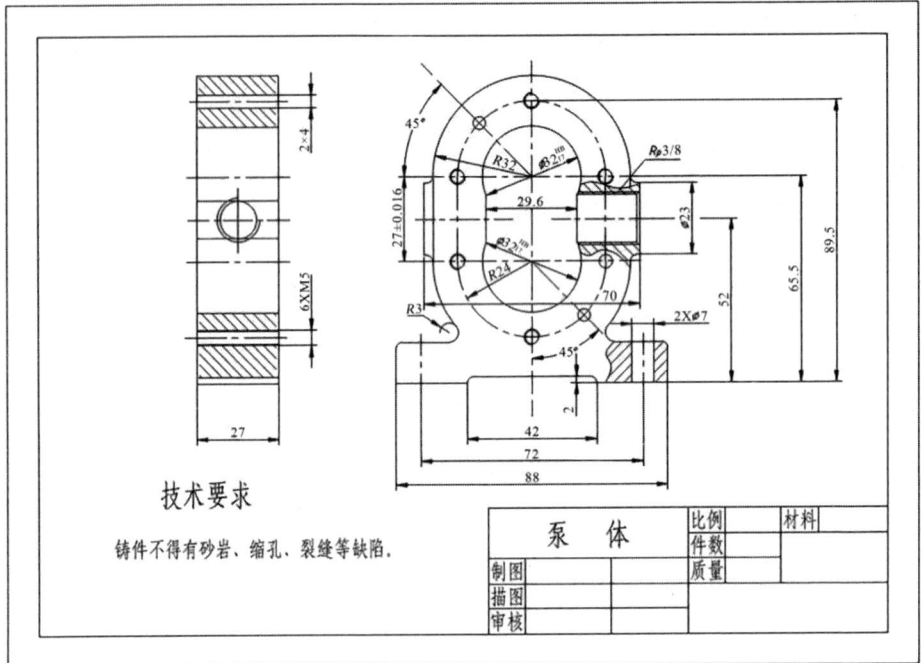

图 6-3 泵体零件图

【任务分析】

1.对零件图形进行分析，需要将其划分为简单元素。

2.外部分析：

_____

_____

3.内部分析：

_____

_____

4.绘制草图并使用_____建模命令创建零件特征。

5.在工程图中，错误的尺寸是_____，需要设计的尺寸是

_____。

【任务目标】

使用软件绘制如图 6-4 所示的泵体三维图。

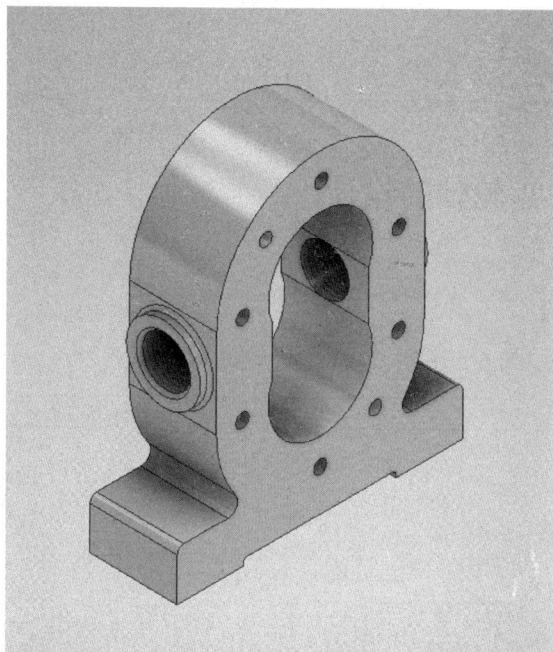

图 6-4    泵体三维图

【任务实施流程】

1.选择 XY 绘图平面，使用圆命令分别绘制半径是 32 mm 和直径是 32 mm 的两个圆，圆心距离是 27 mm；使用直线命令连接这两个圆，然后使用修剪命令整理图素；使用直线和圆角命令设计底座；使用拉伸命令，拉伸距离为 27 mm。

2.使用圆命令绘制直径是 23 mm 的圆，定位尺寸是 52 mm 和 27/2 mm，使用拉伸命令绘制拉伸距离是 3 mm 的圆柱，使用孔命令绘制 G3/8 的螺纹孔。

3.选择壳体端面，使用圆命令绘制 1 个直径是 48 mm 的圆、6 个直径是 5 mm 的圆，使用拉伸和螺纹命令绘制螺纹孔。

4.选择壳体端面，使用直线命令和圆命令确定 2 个直径是 4 mm 的圆心的位置，使用圆命令绘制直径是 4 mm 的圆，使用拉伸命令绘制直径是 4 mm 的圆柱孔。

5.使用圆角命令绘制半径是 2 mm 的未注圆角。

# 活动二 齿轮轴的设计

【任务要求】

根据图纸（如图 6-5 所示），建立齿轮轴三维模型。

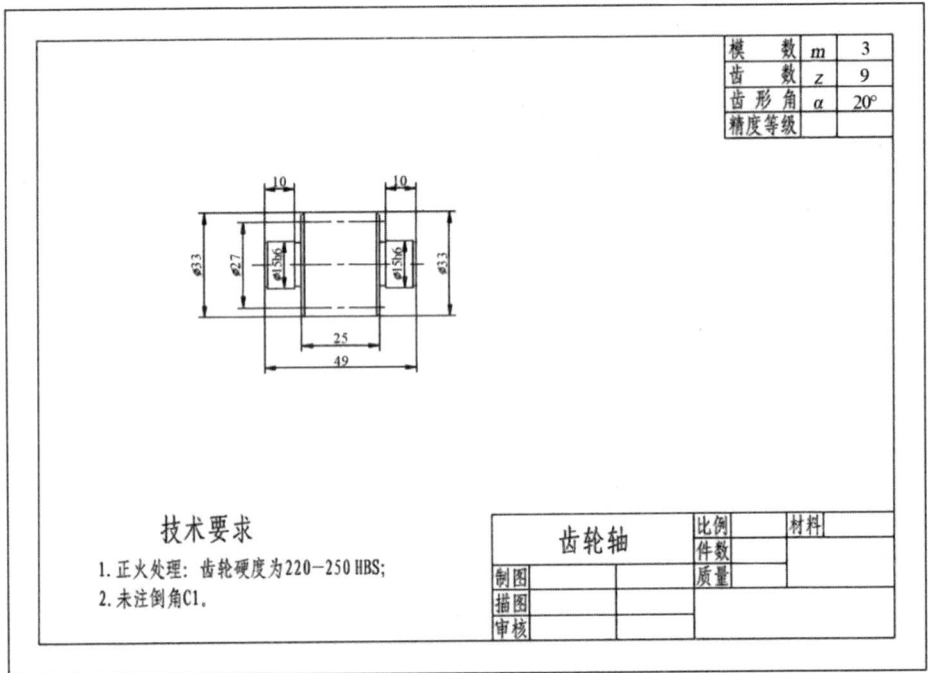

图 6-5　齿轮轴零件图

【任务分析】

1.对零件图形进行分析，需要将其划分为简单元素。

2.外部分析：

_____

_____

3.内部分析：

_____

_____

4.绘制草图并使用_____建模命令创建零件特征。

5.在工程图中，需要设计的尺寸是_____。

【任务目标】

使用软件绘制如图 6-6 所示的齿轮轴三维图。

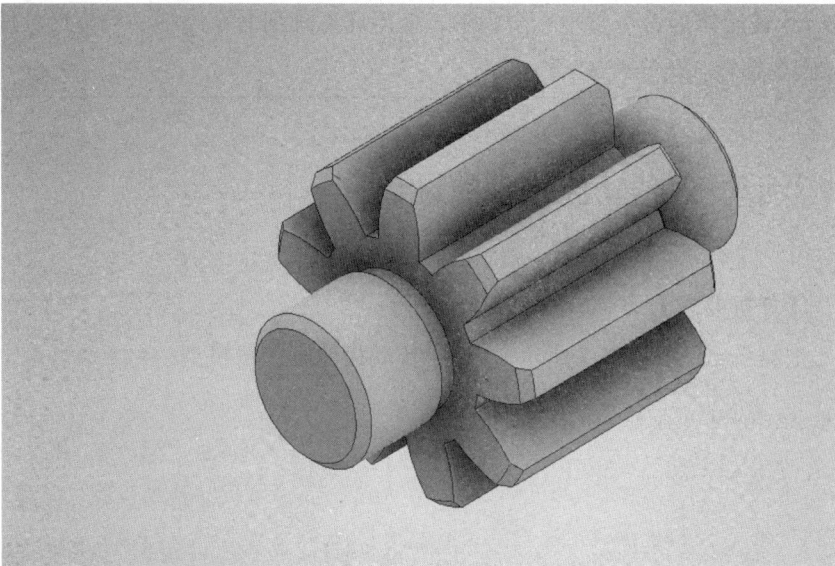

图 6-6　齿轮轴三维图

【任务实施流程】

1.选择 XY 绘图平面，使用矩形命令绘制 15/2 mm×10 mm、2 mm×7 mm、33/2 mm×25 mm、2 mm×7 mm、10 mm×15/2 mm 的矩形，使用旋转命令绘制 5 个圆柱。

2.使用倒角命令绘制边长是 1 mm 的倒角。

3.齿顶圆直径 $d_a = m(z+2) = 3 \times (9+2) = 33$（mm）；

齿根圆直径 $d_f = m(z-2.5) = 3 \times (9-2.5) = 19.5$（mm）；

分度圆直径 $d = mz = 3 \times 9 = 27$（mm）。

4.使用圆弧命令绘制两个圆弧，与分度圆相交两点，两点距离约束 $S = \pi m \div 2 = 3.14 \times 3/2 = 4.71$（mm）。

5.使用修剪命令整理一个齿形，使用环形阵列命令绘制 9 个齿形，使用拉伸命令绘制齿轮轮廓。

# 活动三 传动齿轮轴的设计

【任务要求】

根据图纸（如图 6-7 所示），建立传动齿轮轴三维模型。

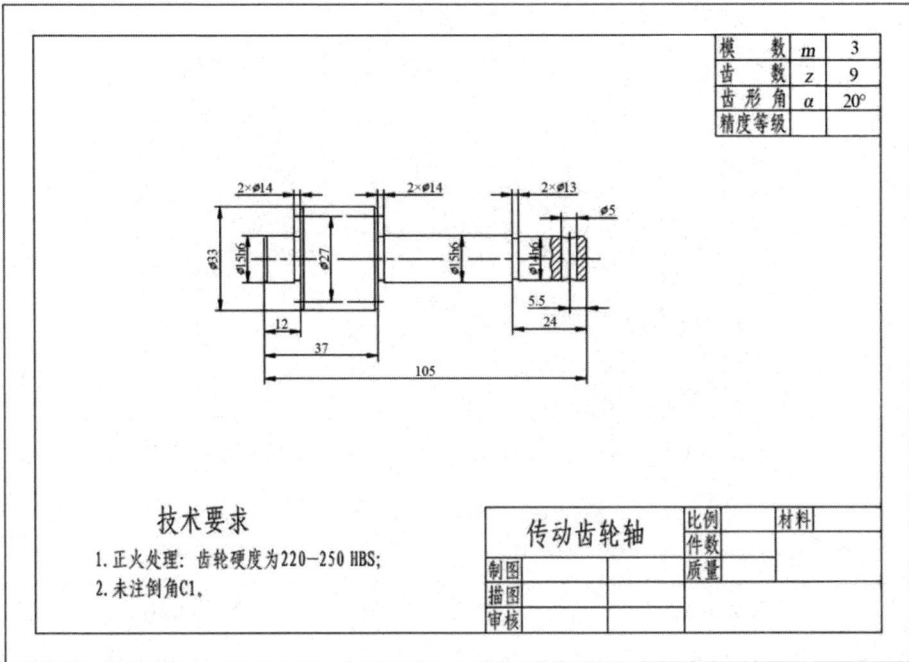

**图 6-7 传动齿轮轴零件图**

【任务分析】

1.对零件图形进行分析，需要将其划分为简单元素。

2.外部分析：

_____

_____

3.内部分析：

_____

_____

4.绘制草图并使用_____建模命令创建零件特征。

【任务目标】

使用软件绘制如图 6-8 所示的传动齿轮轴三维图。

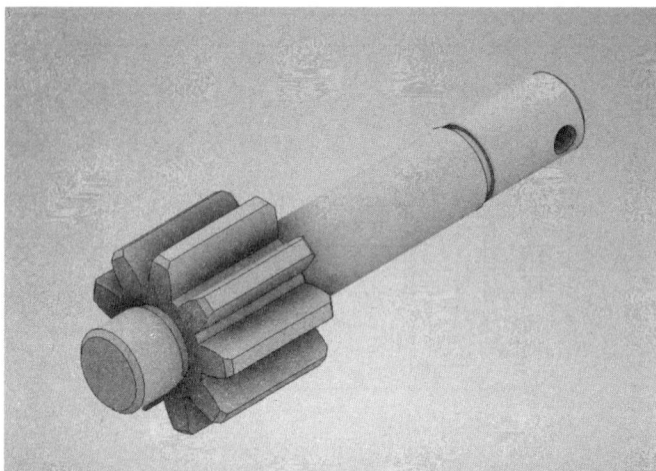

图 6-8　传动齿轮轴三维图

【任务实施流程】

1.选择 XY 绘图平面，使用矩形命令绘制 15/2 mm×10 mm、2 mm×7 mm、33/2 mm×25 mm、2 mm×7 mm、(105−37−2−24)/2 mm×15/2 mm、13/2 mm×2 mm、14/2 mm×22 mm 的矩形，使用旋转命令绘制 7 个圆柱。

2.选择 XZ 绘图平面，使用圆命令绘制直径是 5 mm 的圆，使用拉伸命令绘制圆柱孔。

3.使用倒角命令绘制边长是 1 mm 的倒角。

4. 齿顶圆直径 $d_a = m(z+2) = 3 \times (9+2) = 33$（mm）；

齿根圆直径 $d_f = m(z-2.5) = 3 \times (9-2.5) = 19.5$（mm）；

分度圆直径 $d = mz = 3 \times 9 = 27$（mm）。

5.使用圆弧命令绘制两个圆弧，与分度圆相交两点，两点距离约束 $3.14m/2 = 3.14 \times 3/2 = 4.71$（mm）。

6.使用修剪命令整理一个齿形，使用环形阵列命令绘制 9 个齿形，使用拉伸命令绘制齿轮轮廓。

# 活动四 左端盖的设计

## 【任务要求】

根据图纸（如图 6-9 所示），建立左端盖三维模型。

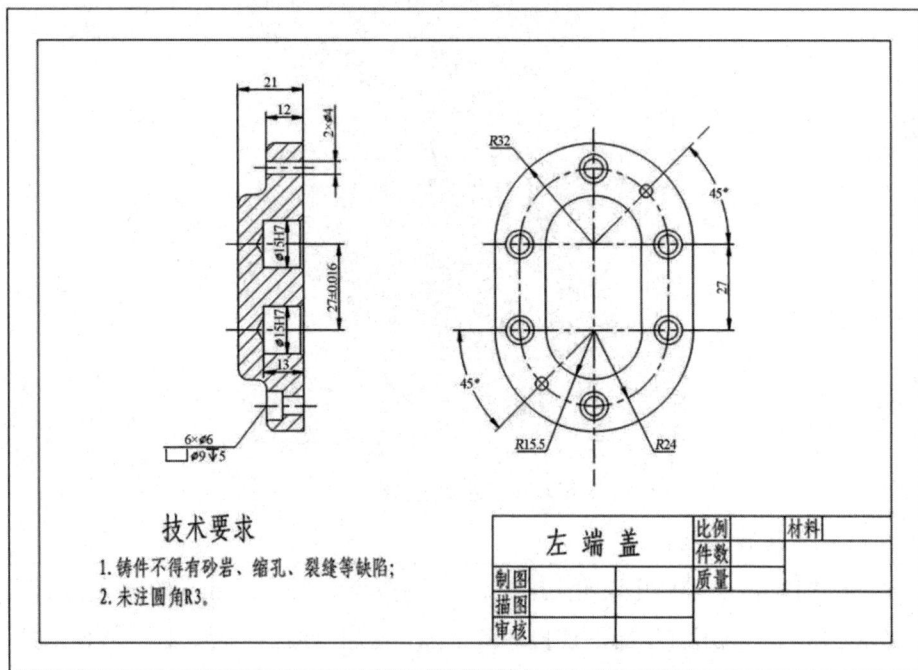

**图 6-9 左端盖零件图**

## 【任务分析】

1.对零件图形进行分析，需要将其划分为简单元素。

2.外部分析：

_____

_____

3.内部分析：

_____

4.绘制草图并使用_____建模命令创建零件特征。

【任务目标】

使用软件绘制如图 6-10 所示的左端盖三维图。

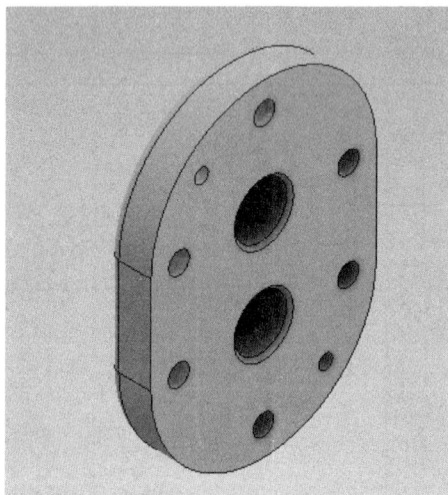

图 6-10　左端盖三维图

【任务实施流程】

1.选择 XY 绘图平面，使用圆命令绘制两个半径是 32 mm 的圆，圆心距离是 27 mm；使用直线命令连接这两个圆，使用修剪命令整理图素；使用拉伸命令，拉伸距离为 12 mm。

2.选择端盖的左端面，进入草图界面，使用圆命令绘制两个直径是 31 mm 的圆，圆心距离是 27 mm；使用直线命令连接这两个圆，使用修剪命令整理图素；使用拉伸命令，拉伸距离为（21－12）mm。

3.选择壳体端面，使用圆命令绘制 1 个直径是 48 mm 的圆、6 个直径是 9 mm 的圆，使用孔命令绘制 6 个沉头孔。

4.选择壳体端面，使用直线命令和圆命令确定 2 个直径是 4 mm 的圆的圆心的位置，使用拉伸命令绘制直径是 4 mm 的圆柱孔。

5.选择壳体端面，进入草图界面，使用圆命令绘制两个直径是 25 mm 的圆，圆心距离是 27 mm。

6.使用孔命令绘制直径是 15 mm、深度是 13 mm 的圆柱孔。

# 活动五　右端盖的设计

【任务要求】

根据图纸（如图 6-11 所示），建立右端盖三维模型。

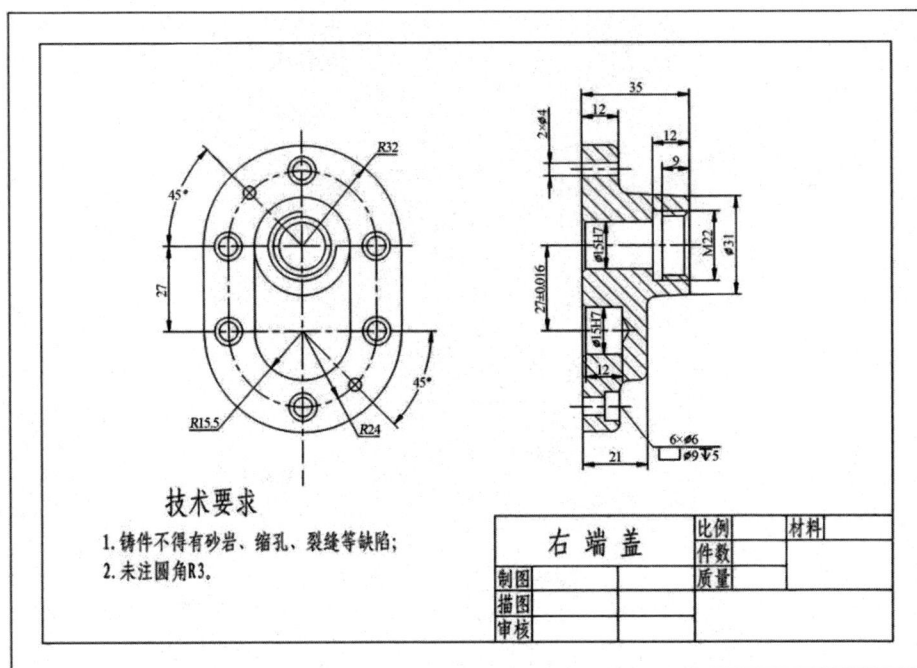

图 6-11　右端盖零件图

【任务分析】

1.对零件图形进行分析，需要将其划分为简单元素。

2.外部分析：

_____

_____

3.内部分析：

_____

_____

4.绘制草图并使用_____建模命令创建零件特征。

【任务目标】

使用软件绘制如图 6-12 所示的右端盖三维图。

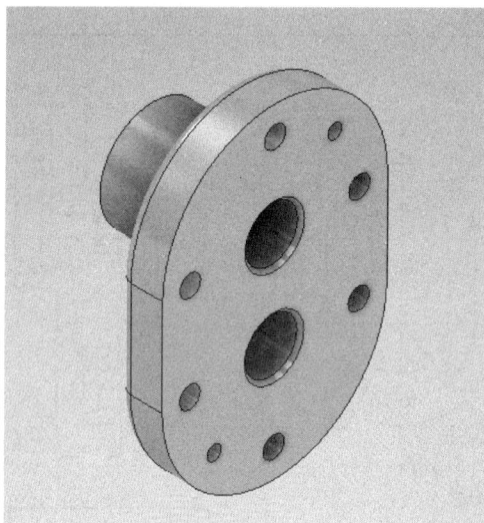

图 6-12　右端盖三维图

【任务实施流程】

1.选择 XY 绘图平面，使用圆命令绘制两个半径是 32 mm 的圆，圆心距离是 27 mm；使用直线命令连接这两个圆，使用修剪命令整理图素；使用拉伸命令，拉伸距离为 12 mm。

2.选择端盖的右端面，进入草图界面，使用圆命令绘制两个直径是 31 mm 的圆，圆心距离是 27 mm，使用直线命令连接这两个圆，使用修剪命令整理图素；使用拉伸命令，拉伸距离为（21－12）mm；创建新的绘图平面，偏移距离是（35－12）mm；绘制直径是 31 mm 的圆，使用拉伸命令，拉伸距离为（35－21）mm。

3.选择壳体端面，使用圆命令绘制 1 个直径是 48 mm 的圆、6 个直径是 9 mm 的圆，使用孔命令绘制 6 个沉头孔。

4.选择壳体端面，使用直线命令和圆命令确定 2 个直径是 4 mm 的圆心的位置，使用拉伸命令绘制直径是 4 mm 的圆柱孔。

5.选择壳体端面，进入草图界面，使用圆命令绘制 1 个直径是 15 mm 的圆，拉伸距离是 12 mm，绘制圆柱孔。

6.选择壳体端面，进入草图界面，使用圆命令绘制 1 个直径是 15 mm 的圆，拉伸贯通，绘制圆柱孔。

7.选择壳体右端面，使用孔命令绘制 M22 的螺纹孔，盲孔深 12 mm，螺纹孔深 9 mm。

## 活动六 压紧螺母的设计

【任务要求】

根据图纸（如图 6-13 所示），建立压紧螺母三维模型。

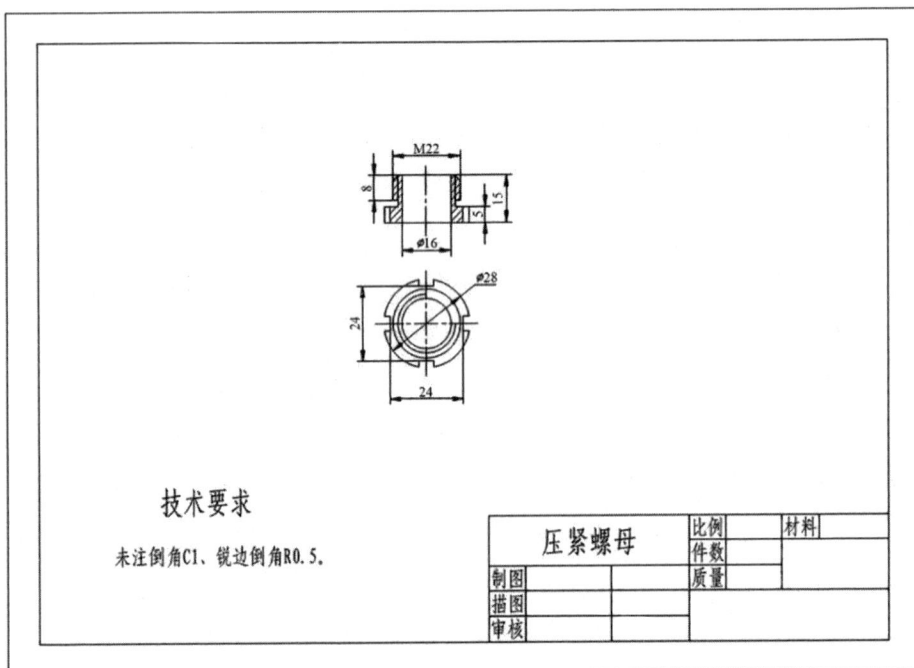

图 6-13　压紧螺母零件图

【任务分析】

1.对零件图形进行分析，需要将其划分为简单元素。

2.外部分析：

_____

_____

3.内部分析：

_____

_____

4.绘制草图并使用_____建模命令创建零件特征。

【任务目标】

使用软件绘制如图 6-14 所示的压紧螺母三维图。

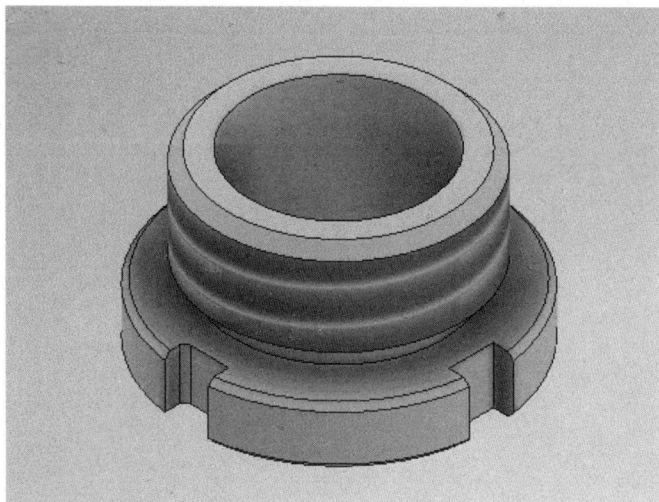

图 6-14　压紧螺母三维图

【任务实施流程】

1.选择 XY 绘图平面,使用矩形命令绘制 14 mm×5 mm、2 mm×10 mm、8 mm×11 mm 的矩形, 使用旋转命令绘制回转体。

2.使用螺纹命令绘制 M22 的螺纹, 使用倒角命令绘制边长 1 mm 的螺纹倒角。

3.使用孔命令绘制直径是 16 mm 的孔。

4.选择压紧螺母端面绘制草图, 使用直线和圆命令绘制 4 个槽, 使用拉伸命令,拉伸方式是贯通。

# 活动七 传动齿轮的设计

【任务要求】

根据图纸(如图 6-15 所示),建立传动齿轮三维模型。

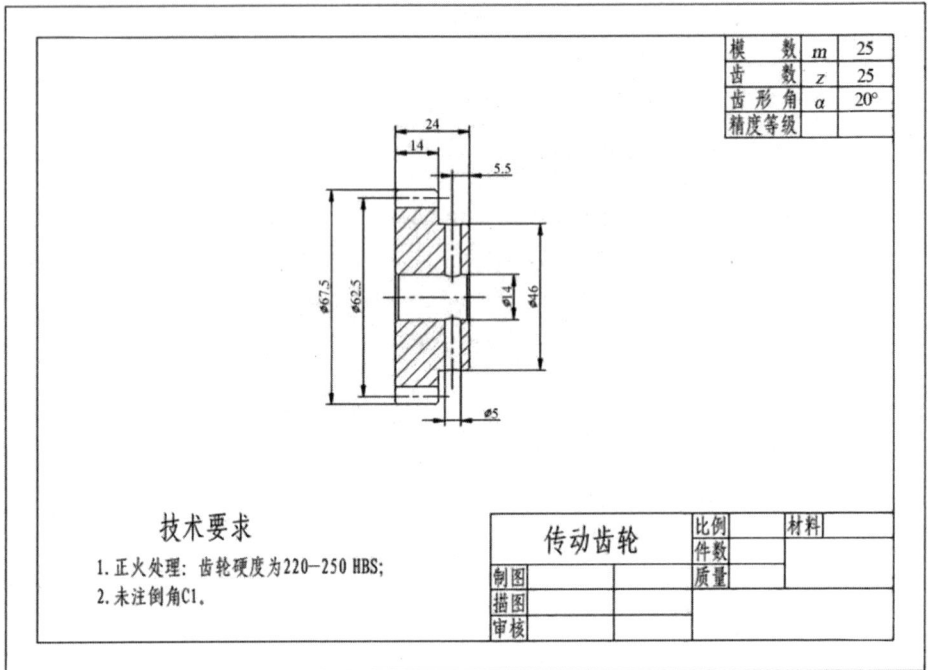

图 6-15　传动齿轮零件图

【任务分析】

1.对零件图形进行分析，需要将其划分为简单元素。

2.外部分析：

_____

_____

3.内部分析：

_____

_____

4.绘制草图并使用_____建模命令创建零件特征。

【任务目标】

使用软件绘制如图 6-16 所示的传动齿轮三维图。

图 6-16 传动齿轮三维图

【任务实施流程】

1.选择 XY 绘图平面,使用矩形命令绘制 67.5/2 mm×14 mm、46/2 mm× 10 mm 的矩形,使用旋转命令绘制 2 个圆柱。

2.使用孔命令绘制直径是 14 mm 的孔,使用倒角命令绘制边长是 1 mm 的倒角。

3.使用 YZ 绘图平面,使用圆命令绘制直径是 5 mm 的圆;使用拉伸命令,拉伸方式是贯通,绘制圆柱孔。

4.齿顶圆直径 $d_a=m$($z+2$)$=2.5×$($25+2$)$=67.5$(mm);

齿根圆直径 $d_f=m$($z-2.5$)$=2.5×$($25-2.5$)$=56.25$(mm);

分度圆直径 $d=mz=2.5×25=62.5$(mm)。

5.使用圆弧命令绘制两个圆弧,与分度圆相交两点,两点距离约 $3.14m/2=$ $3.14×2.5/2=3.925$(mm)。使用修剪命令整理一个齿形,使用环形阵列命令绘制 25 个齿形,使用拉伸命令绘制齿轮轮廓。

【学生练习与评价】

1.软件操作成绩占总成绩的 80%，如表 6-2 所示。

表 6-2　软件操作评分表

| 评分内容 | 评分细则 | 分值 | 得分 |
|---|---|---|---|
| 创建草图 | 在坐标系上创建草图 | 10 分 | |
| | 在已有特征上创建草图 | 10 分 | |
| 泵体 | 缺少一个特征扣 1 分 | 15 分 | |
| 齿轮轴 | 缺少一个特征扣 1 分 | 10 分 | |
| 传动齿轮轴 | 缺少一个特征扣 1 分 | 15 分 | |
| 左端盖 | 缺少一个特征扣 1 分 | 10 分 | |
| 右端盖 | 缺少一个特征扣 1 分 | 10 分 | |
| 压紧螺母 | 缺少一个特征扣 1 分 | 10 分 | |
| 传动齿轮 | 缺少一个特征扣 1 分 | 10 分 | |

2.职业素养成绩根据学习过程中对学生表现的评价确定,占总成绩的 20%,如表 6-3 所示。

表 6-3　职业素养评分表

| 评分内容 | 评分明细 | 分值 | 得分 | |
|---|---|---|---|---|
| | | | 自评 | 互评 |
| 合作精神 | 能积极参加小组讨论、与他人良好合作 | 20 分 | | |
| | 能与他人一起进行线上学习,查阅资料 | 20 分 | | |
| | 能积极主动与他人解决疑难问题 | 20 分 | | |
| | 能主动找出他人的操作不规范 | 20 分 | | |
| 5S 职业素养 | 1.违反安全操作,扣 4 分;<br>2.不能规范操作计算机,扣 4 分;<br>3.未按现场规范文明、有序地完成任务,扣 4 分;<br>4.学生应合理应对教室各类问题,不尊重老师及同学,扣 4 分;<br>5.未保持工位整洁,扣 4 分 | 20 分 | | |

# 任务二　齿轮油泵部件装配设计

【学习目标】

1.了解三维零件组合到一个装配设计中的各种约束方法和工作流程。

2.熟悉掌握零件的装载、约束、编辑、表达，以及调标准件与常用件的方法等。

【学时】

4 学时。

【考核要点】

1.装配齿轮油泵零件完整。

2.装配齿轮油泵关系正确。

3.齿轮油泵零件约束关系正确。

4.齿轮油泵多对象文件保存为"*.iam"格式，以"clyb-装配图"命名，保存到子文件夹"项目六-齿轮油泵"内。

【任务分析】

部件装配是通过约束零件的自由度实现的。

【任务目标】

使用软件绘制如图 6-17 所示的齿轮油泵三维装配图。

图 6-17 齿轮油泵三维装配图

【任务实施流程】

> 1.调入泵体零件,对泵体使用固定约束,调入其他零件,使用插入命令装入左端盖和传动齿轮轴、齿轮轴,使用运动中的转动命令约束传动齿轮轴和齿轮轴。
>
> 2.使用插入命令约束泵体和左端盖。
>
> 3.使用插入命令约束泵体和右端盖。
>
> 4.使用插入命令约束压紧螺母和右端盖。
>
> 5.使用配合命令约束传动齿轮和传动齿轮轴。

【学生练习与评价】

1.软件操作成绩占总成绩的 80%,如表 6-4 所示。

表 6-4 软件操作评分表

| 评分内容 | 评分细则 | 分值 | 得分 |
|---|---|---|---|
| 新建零件与放置命令 | 进入零部件环境与装入泵体零部件 | 20 分 | |
| 插入约束与运动约束 | 左端盖和传动齿轮轴、齿轮轴约束 | 20 分 | |

续表

| 评分内容 | 评分细则 | 分值 | 得分 |
|---|---|---|---|
| 插入约束 | 泵体和左端盖约束 | 10分 | |
| 插入约束 | 泵体和右端盖约束 | 20分 | |
| 插入约束 | 压紧螺母和右端盖约束 | 10分 | |
| 配合约束 | 传动齿轮和传动齿轮轴约束 | 10分 | |
| Inventor Studio 命令 | 部件渲染 | 10分 | |

2.职业素养成绩根据学习过程中对学生表现的评价确定,占总成绩的20%,如表6-5所示。

表6-5 职业素养评分表

| 评分内容 | 评分明细 | 分值 | 得分 | |
|---|---|---|---|---|
| | | | 自评 | 互评 |
| 合作精神 | 能积极参加小组讨论,与他人良好合作 | 20分 | | |
| | 能与他人一起进行线上学习,查阅资料 | 20分 | | |
| | 能积极主动与他人解决疑难问题 | 20分 | | |
| | 能主动找出他人的操作不规范 | 20分 | | |
| 5S 职业素养 | 1.违反安全操作,扣4分;<br>2.不能规范操作计算机,扣4分;<br>3.未按现场规范文明、有序地完成任务,扣4分;<br>4.学生应合理应对教室各类问题,不尊重老师及同学,扣4分;<br>5.未保持工位整洁,扣4分 | 20分 | | |

# 任务三 齿轮油泵零件工程图设计

【学习目标】

1.熟悉创建零件基本视图、剖视图的操作方法。

2.熟悉零件图与装配图的标注方法。

【学时】

4 学时。

【考核要点】

1.图幅选择、视图选择、视图配置及表达方案合理。

2.所绘制视图的要素完整、准确。

3.尺寸标注齐全、正确、清晰。

4.根据任务要求，查阅机械设计手册或软件自带工具，在各零件的相应位置上正确标注尺寸公差、几何公差、表面粗糙度等精度要求。

5.其余技术要求内容应基本符合零件工作要求，无明显错误。

6.标题栏按任务要求给定的内容正确填写。

7.文件保存为"DWG"格式，并以"代号＋名称"的方式命名文件（如：clyb-04 左端盖），保存到子文件夹"项目六-齿轮油泵"内。

【任务要求】

完成左端盖的工程图设计，将设计好的零件图转化成二维图，检验与已给尺寸的准确度。

【任务目标】

使用软件绘制如图 6-18 所示的齿轮油泵左端盖工程图。

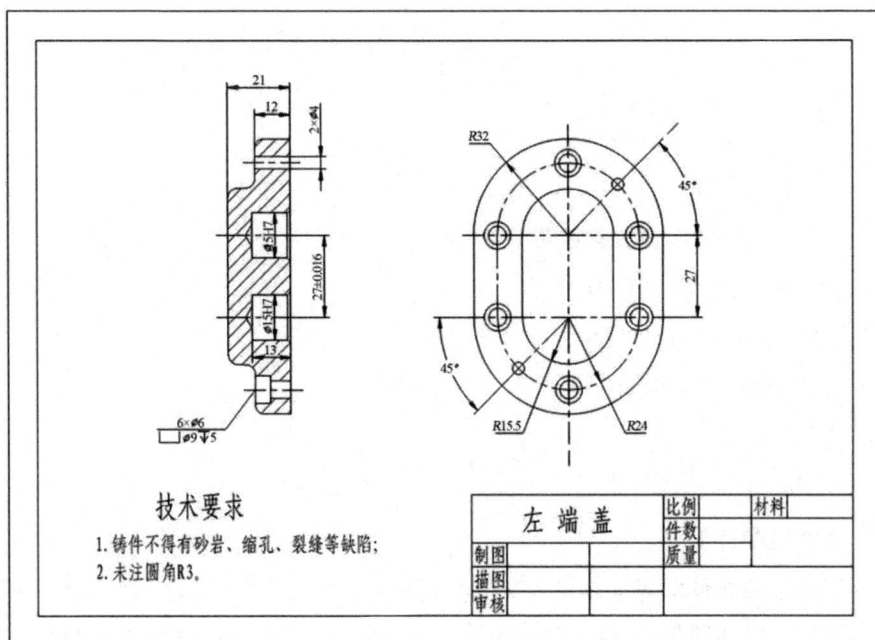

图 6-18　左端盖工程图

【任务实施流程】

　　1.选择工程图模板，使用基础视图命令调入左端盖的左视图，使用剖视图命令绘制主视图。

　　2.使用尺寸、中心标记、中心线、指引线文本对左端盖进行标注。

　　3.使用文本命令编写技术要求。

# 任务四　齿轮油泵视图表达

【学习目标】

1.了解调整零件的操作过程。

2.熟悉零件位置的调整过程。

3.熟悉制作动画的过程与零件装配的顺序。

4.创建爆炸图明细栏。

【学时】

2 学时。

【考核要点】

生成总装配体的爆炸视图。要根据装配方向决定不同零件的移动方向和位置，并标注零件编号。文件保存为"*.ipn"格式，以"clyb-爆炸图"命名，保存到子文件夹"项目六-齿轮油泵"内。

【任务目标】

使用软件绘制如图 6-19 所示的齿轮油泵三维视图表达图。

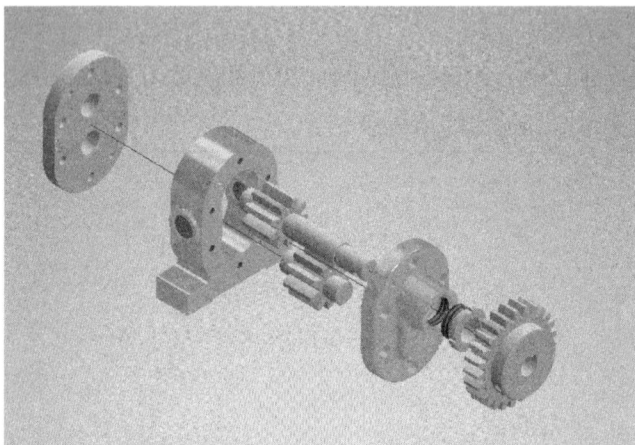

图 6-19　齿轮油泵三维视图表达图

【任务实施流程】

1.新建文件表达视图 Standard.ipn，创建齿轮油泵的分解装配图，进入表达视图界面。

2.单击创建视图按钮，打开选择部件对话框，在对话框中选择创建齿轮油泵文件。

3.使用调整零部件位置命令，按照装拆顺序，调整传动齿轮、压紧螺母、左端盖、右端盖、传动齿轮轴和齿轮轴的位置。

4.使用视频命令完成齿轮油泵的拆装动画。

5.使用创建工程视图命令调入爆炸图，使用明细栏命令创建零件明细栏，使用引出序号命令将零件编号。

# 参 考 文 献

［1］ 陈道斌.工业产品设计与创客实践：Inventor 2018［M］.北京：电子工业出版社，2018.

［2］ 阎霞.机械制图［M］.2版.北京：冶金工业出版社，2017.

.

# 附录　Inventor 快捷键（常用）

## 一、二维快捷指令

线 L

圆 Ctrl＋Shift＋C

修剪 X

偏移 O

通用尺寸（尺寸标注）　D

鼠标右键上滑　创建直线

鼠标右键右上滑　两点矩形

鼠标右键右滑　修剪

鼠标右键右下滑　完成草图

鼠标右键左下滑　通用尺寸（尺寸标注）

鼠标右键左滑　取消

鼠标右键左上滑　圆心圆（圆）

（下滑并长按鼠标右键还有选项）

## 二、三维快捷指令

草图平面 S

拉伸 E

旋转 R

孔 H

圆角 F

倒角 Ctrl＋Shift＋K

鼠标右键上滑 圆角

鼠标右键右上滑 拉伸

鼠标右键右滑 旋转

鼠标右键右下滑 打孔

鼠标右键下滑 创建草图平面

鼠标右键左下滑 创建工作平面

鼠标右键左滑 撤销

鼠标右键左上滑 测量

# 三、装配快捷指令

装入零部件 P

约束 C

# 四、表达视图快捷指令

视频 S

调整零部件位置 T